# 气候的年轮

冰芯中的
地球气候史与
人类未来

[美]理查德·B.艾利（Richard B.Alley） 著　邬锐 译

# THE TWO-MILE
# TIME MACHINE

重庆大学
出版社

# 推荐序

美国杰出的冰川探测与研究学者理查德·B.艾利于 2000 年推出了一部极具影响力的著作《*The Two-Mile Time Machine (Ice Cores, About Climate Change and Our Future)*》。这个浪漫的主题书名灵感源自一首英文歌曲，深刻反映出人类内心对于时光回溯、珍视过往以及从历史经验中汲取智慧的强烈渴望。在书中，艾利详细记述了他与极地冰芯探测团队在工作过程中所经历的种种艰辛，以及那些不为人知的生活细节，内容丰富详实，极具阅读价值。作为冰川学领域的权威，艾利通过其著作向世人发出警示：当前人类所享受的舒适气候环境，或许在短短几年内就会发生巨大改变。这一警示引发了人们的深刻思考：人类，尤其是科学界，究竟应当如何行动？是致力于科学地认识气候的本质和研究气候异常的归因，还是立即采取有效措施遏制气候变化的趋势？

艾利在科学界地位斐然，他不仅是美国国家科学院以及美国艺术与科学院的院士，还在《自然》和《科学》等顶尖学术杂志上发表过多篇重要论文。此外，他还是联合国政府间气候变化专门委员会（IPCC）的重要贡献者，并与美国前副总统阿尔·戈尔共同荣获2007年诺贝尔和平奖。令人期待的是，重庆大学出版社将于2025年推出艾利这本书的中文翻译版《气候的年轮》。译者邬锐博士和上海徐家汇古观象台的科普专家徐明博士邀请我撰写读书体会，促使我深入研读了这本中文译稿。由此，一系列关于气候的问题涌上心头：在过去的20多年里，极端天气和异常气候给人类带来了哪些最为严重的灾难？科学界在新世纪前后为应对气候变化做出了哪些努力？对于气候及其异常现象，又有了哪些全新的认识和亟待解决的问题？

人类对气候及其异常变化的关注与研究历史源远流长，可追溯至数千年前。在中国古代，甲骨文中便有对当地气候的记录，随着时间的推移，逐渐发展形成了能够精准反映中原地区气候特点的24节气循环体系。每个节气的时间跨度为半个月，一个月中包含两个节气，并冠以不同的节气名称。后来，古人进一步细化对气候的描述，以候（5天）为时间单位，将一年的气候划分为72个不同名称的物候时段。这种基于天文物理原理、通过对多年观测数据进行统计平均而形成的24节气和72物候气候变化体系，为古代农业生产提供了重要的指导依据。古人依据节气和物候的变化规律安排农事活动，大多时候都能获得丰收。然而，气候异常或异常气候的年份偶尔也会出现，导致农作物歉收。为了应对这种不确定性，民间总结出了大量基于当前天气状况的谚语，用以预测未来较长时间内的气候异常及其对农业生产的影响，这便是早期的气候预测。同时，古人还善于利用早晨和傍晚的天气状况，来预报未来几小时内的极端冷热、晴雨以及强风等短时和短期极端天气。由此可见，中国古人早在数千年前，就对气候、气候变化、气候异常、极端天气等概念有着清晰的物理定义，并掌握了相应的预测预报方法。我们可以将 24 节气和 72 物候的气候变化体系形象地称为中国人的"古代气候钟"，这充分展示了中国古人在气候研究领域的卓越智慧，他们明确了认识气候和预报极端天气与异常气候的重要性。

中国古代的智慧结晶远不止"古代气候钟"，火药和指南针等伟大发明同样闻名于世。英国科技史学家李约瑟曾提出一个发人深省的问题：自伽利略和牛顿时代以来，为何现代中国人在科学成就上逐渐落后于欧洲人？是智力水平的退化，还是存在其他深层次原因？经过深入思考，我们认为并非智力因素所致，而是发明的用途和目的存在差异。中国古人发明火药，主要用于制造烟花，为节日庆典增添欢乐氛围，却未能将其应用于发展子弹和原子弹等军事领域，进而推动高能物理学的发展。指南针在中国主要服务于航海贸易，而欧洲人则在此基础上深入研究，将其发展成为电磁学，并开启了电气化时代的新纪元。此外，中国古人在诸多领域实现了从 0 到 1 的创新性突破，如古代中医中药和古法酿造，但遗憾的是，未能将这些成果进一步精细化，使其发展成为现代生物学和技术。

人类对生存环境和自然环境的认知，最初源于对天象（天文和气象）的观察。早期，人们通过非定量的文字记载各种天象与物象，并将二者相互联系，形成了独特的物理体系，24 节气和 72 物候便是其中的典型代表。随着欧洲人发明了各类精密仪器，对天象的观测变得更加精细化。望远镜的出现，让人类得以观测和记录肉眼无法看到的遥远天体；显微镜的发明，则开启了微观世界的大门，使人们能够观察和记录肉眼看不见的微小物象。这些仪器的发明和应用，使得大量关于自然和环境的定量观测数据得以积累。如何解读这些随时间和空间分布的数据，成了科学家们面临的重要任务。

在人类对宇宙的认知历程中，地心说曾长期占据主导地位。由于每天太阳和月亮东升西落的现象直观且明显，地心说宇宙观深入人心，甚至成为古代教会信仰的神学学说。然而，随着天文仪器观测资料的不断增多，地心说在解释诸多天象时遇到了难以克服的困难。尽管一些科学家试图通过修改地心说模型来解决这些问题，但多层嵌套的复杂模型让普通民众难以理解。在此背景下，哥白尼（1473—1543）勇敢地提出了日心说。日心说的出现，使得许多天象在新的模型下得到了更为简单和合理的描述与解释，这一理论的转变标志着人类世界观的重大变革。此后，开普勒（1571—1630）在前人大量观测资料的基础上，总结出了行星相对太阳运动的三大定律，从空间几何学的角度对行星运动进行了精确描述。牛顿（1643—1727）则提出了万有引力定律，运用简单的统计数学关系，揭示了行星与太阳之间的相对运动关系。牛顿认为，这种相对运动源自一种力的相互作用，不仅存在于天体之间，地球上的物体也受到地心引力的作用，即万有引力。为了从物理本质上解释万有引力，科学界提出了引力子的概念，尽管至今尚未发现引力子的存在。开普勒的行星运动定律和牛顿的万有引力定律，共同构建了人类对天体运动的基本认知框架。

随着现代科学的不断发展，各领域的分工日益细化，需要各类专业人才的协同合作，甚至包括具有深刻洞察力的思想家。部分科学家专注于仪器的研发和观测资料的积累，为科学研究提供了坚实的数据基础；另一部分科学家则致力于对观测资料进行数学和物理分析，推动了理论物理学的发展。20世纪初，天文学的观测范围得到了极大的拓展，不仅超越了太阳系，甚至延伸到了银河系之外。在这一背景下，爱因斯坦（1879—1955）于1915年提出了广义相对论。广义相对论描述了宇宙系统中物体相对中心体运动的复杂几何学关系，尽管其中仍包含数学统计常数，但它建立在日心说的引力世界观基础之上，只是将中心从太阳扩展到了整个宇宙系统。然而，这引发了一个新的思考：人类是否可以从全新的视角看待宇宙？例如，有一种观点认为，宇宙大爆炸后形成的膨胀力推动了物质粒子的加速和弯曲运动，地球上的物质粒子在膨胀力的作用下向一个天体中心汇聚，而非受到天体中心的引力吸引。前者是大爆炸后新粒子的主动汇聚，后者是天体中心对新粒子的被动勾引。引力世界观下现代物理学形成的是自然现象之间的统计关系定律，而非自然现象的物理本质描述。

上海徐家汇的古观象台，作为历史悠久的天文和气象观测场所，见证了人类对自然现象的长期探索。如今，上海气象台和上海天文台被一条马路分隔。徐家汇观象台拥有长达150多年的气象观测记录，这些记录为研究该地区的气候变迁提供了宝贵的资料。然而，对于地球其他地区的极端天气和异常气候，由于缺乏仪器记录，科学家们不得不另辟蹊径。他们发现，极端天气和异常气候发生时，往往会引发各种灾害。这些灾害所留下的痕迹会被封存在地层中。例如，极端降水可能导致山地滑坡和泥石流，进而形成新的土壤沉积和地层；低温干燥的大风会将沙尘吹至其他地方，形成新的土壤沉降，通过分析这些沉降物的特征，可以推断出低温沙尘天气的频次和强度；高温热浪天气可能引发森林大火，火灾产生的灰烬以及花粉等物质会在附近的湖泊中沉积；在高山和极地地区，降雪量的变化会影响积雪速率和冰川沉积速率；海洋中的沉积物则与大气变量、生物变量、洋流速度、海温、盐度等因素以及火山活动密切相关。地层中的不同沉积甚至可能反映了行星相对其中心天体的轨道变化，如行星相对太阳的进动。此外，中高纬度地区树木的年轮，如同气候的"档案"，记录了树木生长年份的温度、降水等的综合信息。为了获取这些不同种类物质的历史沉积信息，并构建相应的序列，科学家们需要研发各种专业工具（仪器），组建不同的地球环境要素探测专业团队。

本书的作者艾利，不仅是一位卓越的极地冰芯序列探测专家和杰出的探险家，还具备丰富的想象力、敏锐的洞察力和幽默风趣的性格。在控制冰变形的晶粒尺度物理学、冰流的作用和性质以及冰盖过程等多个研究领域，他都取得了重要的研究成果。他的工作不仅为过去突然发生的气候事件提供了有力的证据，还推动了关于气候事件原因以及冰对海洋环流作用的假设的发展。此外，艾利还是一位出色的传播者，他凭借精湛的技能和饱满的热情，积极向政策制定者和广大公众传播认知，其制作的电视节目旨在对地球面临的问题及可能的解决方案进行通俗易懂的评估与推测。

气候异常事件的时间跨度极大，从几候到几年，再到上百年甚至上千万年不等。树木的年轮厚度变化，能够直观地反映出当地几十年到上百年的气候异常情况；极地冰芯序列则如同时间的 "记录仪"，可以揭示上千年甚至上万年的气候异常事件。现代气象仪器能够对几小时到几天的极端天气事件，以及几候到几年的大气和海洋气候异常事件进行定量观测和记录。然而，古代冰芯气候序列在分辨几候到几年、几十年的气候异常事件时存在一定的困难。此外，有上千年冰芯的地区往往缺乏树木，且冰芯和树木所反映的气候异常事件，难以用现代气象变量（温度、气压、湿度和降水）进行准确描述。不同来源、不同时间分辨率的各种代用气候序列之间，存在难以对接和解读的问题，无法简单地转换为现代气象变量。尽管现代气象变量的分散观测数据可以通过数值模式进行同化模拟，生成全球时空均匀分布的再分析资料，但目前的古气候模式仍无法将所有来源的古气候代用资料进行有效的同化处理。这一困难的根源在于，现有的数学方法难以处理与生物、物理和化学相关的复杂信息，本质上是因为人类大脑对这些信息缺乏全面、客观的理解。

在千年格陵兰温度和积雪堆积序列中，存在一些令人费解的现象。例如，在小冰期气候事件期间，温度较低，而积雪率却很低；而在中世纪暖期，温度较高，积雪率反而较高。这种现象与人们的常规认知相悖，以致常人难以理解。此外，过去 40 万年来，冰芯探测科学家发现，南极洲中部的四个规则性大幅度温度波动序列与空气中二氧化碳含量波动序列几乎同步变化，即二氧化碳含量升高时，气温也随之升高，反之亦然。两者的同步波动变化可能具有共同的归因。书中对此的解释是，空气中的二氧化碳进入海洋后，海洋温度的变化会吸收二氧化碳，进而导致气温发生改变。然而，这一过程中必然存在时间差，从大气中的二氧化碳变化，到海洋中的复杂生化过程和洋流变化，再到气温的响应，整个□□□□□□□系存在一定的延迟。这种现象之间的同步性与解□□□□□□□于自然过程，与人类活动无关。自然界中存在许□□□□□□关系，这些复杂关系如果用"四两拨千斤"的□□□□□□□大众来说，理解起来具有一定的难度，就像又□□□□□□□杂模型中。

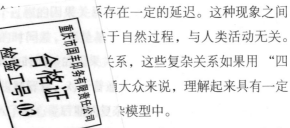

在气候研究中□□□□□□最关注的焦点之一。那么，如何从物理意义上准确确定温度变化呢？假设我们拥有一条某地连续观测的、长达上千年的逐小时温度序列，首先需要去除序列中来自仪器和观测过程中的误差，从而得到真实可靠的气温序列。其次，这个真实气温序列可以通过物理方法分解为两个分量：一个是瞬变气候分量，该分量具有明显的日循环（每天 24 小时）和季节循环（每年 365 天）的气候变化特征。这两个循环分量是当地在太阳辐射强迫与下垫面动力-热力耦合达到平衡时的气候温度，我们将其称为具有物理意义的瞬变气候变量。与中国古代的 24 节气和 72 物候气候钟相对应，这种一年 365 天中又分 24 小时时段，总共 8 760 个时次年循环变化的瞬变气候可称为现代气候钟。另一个分量是扰动气温序列，它是通过用真实气温减去现代气候钟的温度循环得到的。通过对扰动气温序列的分析，我们可以区分出不同时间尺度的扰动，包括几小时、几天、几候、几月、几年、几十年、几百年甚至几千年的连续同符号扰动，即相对瞬变气候气温的连续正偏差或负偏差。同样地，对于气压、风和湿度等观测变量，也可以采用类似的物理分解方法，得到它们各自的扰动分量。当出现较大振幅的几小时或几天的气温偏差时，就意味着极端天气的发生；而连续几候的正或负气温偏差，则被定义为气候异常，这种气候异常的时间长度可以从几候、几个月、几年，一直延伸到百

年、千年甚至万年，例如历史上著名的小冰期和中世纪暖期。

这种将基本大气变量进行物理分解的方法，也被称为扰动法。扰动法是一种在数学和物理意义上能够客观、定量确定极端天气和气候异常的有效方法。通过绘制大气温压湿风扰动分量的扰动天气图，我们可以清晰地确定极端天气和气候异常的种类（如高温与低温、洪涝与干旱）、强度、范围（位置）以及发生时间，实现对极端天气和异常气候的定类、定强、定位和定时分析。在以往的极端天气和异常气候研究中，由于不同研究团队对事件的定义和描述方法存在差异，往往会得出不同的结论，发表大量相互矛盾的归因论文，导致研究工作陷入无序和混乱的状态。当然，这些方法和结论也就无法继续使用了。而扰动法的出现，为解决这一问题提供了新的途径。它能够用统一的方法解释历史上发生的所有极端天气和异常气候事件，极大地减少了资源的浪费，提高了研究的效率和准确性。

近百年来，随着世界人口的快速增长和通信科技的飞速发展，自然灾害的记录和报道数量大幅增加。全球每年都会发生多起极端天气和气候异常事件，这些事件给人类的生命财产带来了巨大的损失。其直接原因是大气中局地集中了异常能量，表现为异常的气象变量和异常的天气或气候系统。例如，2008 年年初，中国南方遭遇了长达一个月的雨雪冰冻灾害，造成了惨重的财产损失。通过扰动天气图分析发现，这是由四次大气扰动天气系统先后影响中国南方所导致的。2009 年冬季，莫斯科及其周边地区出现了严重的低温天气；紧接着，2010 年夏季，莫斯科地区又遭受了高温热浪和森林大火的袭击，导致上万人伤亡。与此同时，巴基斯坦发生了严重的洪涝灾害，上千人失去了生命。从同期的扰动天气图来看，莫斯科上空处于高压异常状态，导致高温异常，且对流层下部的高温异常幅度大于地面增暖异常；而在其东南方的巴基斯坦和东部的西伯利亚上空，大气呈现低压低温异常，与地面上的低温和降水异常相对应。

基于大气模式生成的全球再分析资料以及独立的海冰资料，近几十年来全球增暖呈现出明显的区域差异。在北极高纬度地区，增暖幅度最为显著，尤其是在冬季，对流层的增暖值大于地面气温的增暖值，这与该地区海冰减少的趋势一致。然而，在北半球中纬度带，大气的降温幅度大于地面降温值，特别是在冬季。副热带地带的大气呈现增温异常趋势，而赤道带则出现降温趋势，且对流层温度异常值大于对应的地面温度异常值。此外，南半球的海冰覆盖密度呈现增加的趋势，与北半球海冰减少的趋势相反，这一现象可以通过对流层大气气压和温度距平符号相反的趋势得到解释。同样，南极洲边缘地区的海冰密度也存在区域差异，部分区域增加，部分区域减少，这与对流层大气温度和气压距平的分布情况相对应。这些不同纬度带和地区的下垫面气候异常，主要受到大气四圈环流异常和局地气候扰动系统的直接影响。显然，这种几十年时间尺度的气候异常趋势，难以用联合国资助下形成的"正反馈放大和开关机制"这一所谓的"科学共识"或"国际共识"来解释。科学结论不能简单地用投票的共识得到。

天气学和气候学在上世纪初取得了显著的发展，但当时对极地地区的气象观测相对匮乏。在现代天气图上，北极附近每天都有极涡低压活动；而在气候学的三圈环流理论中，描述的是极地下沉高压。这种天气学和气候学对北极环流系统描述的差异，是科学研究中典型的脱节现象，难以同时出现在同一本气象学教科书中和科普著作中。气候异常是一个极其复杂的科学问题，而人类活动排放则更直接地引发了环境污染问题。例如，2016 年华北地区雾霾日数众多，雾霾浓度极高，12 月份就出现了八次雾霾过程，每次持续 2~3 天。在浓雾霾天气下，空气气味刺鼻，能见度极低，仅为百米左右。从大气异常变量来看，这是在高压扰动下，近地面形成异常逆温层所致。在这种高压异常天气系统下，如果没有大气污染源，原本应该阳光明媚，地面温度偏高。然而，由于近地面异常逆温层中的雾霾遮蔽了到达地面的阳光，导致地面温度异常偏低。另一个值得关注的现象是，20 世纪美国在年代际和年际尺度上，温度异常与化石燃料碳排放量异常呈现相反的变化位相，即温度异常偏低时，化石燃料碳排放异常偏高，反之亦然。近百年全球年平均温度的年代际异常也与四个主要发达国家的碳排放量异常反位相。温度低需要人为增加化石燃料的燃烧，碳排放肯定增加了大气中的二氧化碳浓度，这里的因果关系是常人容易解释的。

近百年来有较好的高时空分辨率气象观测资料，特别是气温观测资料。人们可以把这些无观测误差的、去除瞬变气候温度后的气温异常序列分解为两个分量：自然变化的异常分量和人类活动的异常分量。科学家们的任务是把自然变化的异常分额和归因理清楚了。那么，人类活动的异常分额就只是一个简单的加减运算了。

气候异常的归因问题犹如一座难以攀登的高峰，横亘在全球科学家面前。要解决这一问题，需要多领域科学家的紧密合作。气象学家凭借其对大气物理过程的深入理解，提供大气环流、天气系统演变等方面的专业知识；海洋学家研究海洋的热容量、洋流运动，揭示海洋与大气之间的能量和物质交换机制；生态学家关注生态系统对气候变化的响应，以及生态系统变化对气候的反馈作用；地理地质学家从宏观地理环境演变的角度，分析不同地区气候异常的空间分布规律及其与地理因素的关系。

在合作过程中，各领域科学家需要共享数据、交流研究成果，共同构建更加完善的地球气候系统模型。这些模型要能够准确模拟大陆漂移、造山运动和地貌变化过程中的过去气候演变，才可能有预测未来气候趋势的能力。为了实现这一目标，首先要获取真实可靠的现代观测资料，这需要不断优化气象观测网络，提高观测仪器的精度和稳定性，确保数据的准确性和完整性。同时，收集大量长时间的气候代用序列和研究地球在宇宙空间中的演化史，也都是至关重要的工作。通过分析树木年轮、极地冰芯、湖泊沉积物等自然档案，我们可以追溯过去数百年甚至数千年的气候信息，为研究气候的长期变化规律提供宝贵的历史数据。然而，获取这些代用序列并非易事，需要科学家们运用先进的技术手段，深入偏远地区进行实地采样，并结合精心设计的实验室分析方法，才能从这些自然档案中提取出准确的气候信息。

这本书为公众打开了一扇了解气候科学的大门，书中丰富的内容和深入浅出的阐述，让我们认识到气候研究的复杂性、重要性和艰巨性。面对日益严峻的气候挑战，我们每个人都应当关注极端天气和异常气候事件，相信科学，共同为保护地球家园的气候环境贡献自己的力量。

钱维宏

2025 年 1 月 1 日

气候变化是当代世界最关注的话题之一，而且它牵涉普通人的衣食住行、国家的经济发展甚至于全球的政治走向。今年刚入冬，媒体和公众对于"暖冬"现象又展开了激烈的讨论，每年都是如此，尽管"暖冬"是气候学的概念，其实跟我们人类直观的冷暖感受相去甚远。今年美国大选尘埃落定，但之后最大的悬念之一，美国当选总统特朗普是否会退出《巴黎协定》？根据新闻报道，目前其过渡团队已准备好退出《巴黎协定》。美国任性的"退群"行为不仅将加重其他国家承担的气候污染减排责任，而且在全球第二大温室气体排放国退出的情况下，其他国家的努力是不是某种程度的徒劳？

　　气候变化最核心的问题是全球变暖，争论和分歧的强度和范围可以跟历史上任何一次思想变革（比如进化论）相媲美。一般来说，最极端的两方会分别把气候变化的结论当作灾难和骗局，一方认为，人为造成的气候变化将使我们步历史上许多失落文明的后尘，文明的结构可能会被永远改变。另一方则视其为变相的科学迷信，避免假想后果所做出的努力可能导致南辕北辙，引发经济衰退甚至崩溃。

　　我作为一位常年投入在天气预报第一线的工作者，每天都会通过天气学原理和计算机模型来分析和预测天气，有时是即时的验证，而有时也会不断地被意料之外的结果所困扰。每日天气变化在大多数人的直感中是如此随机，以致很难在时间中建立联系，但在跟我们感觉世界平行的物理世界里，其实是存在着非常深刻的规律。天气是看似孤立的表象，而气候是一段时间里天气所表现的统计特征，在物理机制中，它们也是互为因果。在研究将来的气候变化之前，必须正确认识过去气候的变化。从远古到现在，气候可谓是沧海桑田。过去100万年中发生了一系列重大的冰期与暖期的交替，其中冰期在2万年前开始结束。我们现在正处于间冰期。而在最近的1000年里，与工业革命之前的地球相比，全球的平均气温已至少升高1.5度，化石燃料的使用造成二氧化碳等温室气体的增加就是罪魁祸首，就是这样气候变暖的背景之下，极端天气出现的频率越来越高，平均气温的推高造成全球海平面升高，并进而导致陆地消失和冰原缩小等灾难愈演愈烈……

而这些干巴巴的科学论辩和结论虽然经过深思熟虑，但要传递给公众，其实是非常困难的。而在大家面前的这本书却让我耳目一新，它不像那些教科书或科学论文那样诘屈聱牙，而是浓墨重彩地描述科学家在探索气候变化、搜集科学证据的整个细致的过程，其中穿插讲解通俗易懂的科学原理，特别是栩栩如生地刻画了科学家在恶劣的高寒环境下工作与生活的场景（颇有中国人喜欢说的革命乐观主义精神），一反公众对于科学家在象牙塔里的刻板印象，而是呈现了他们能工巧匠式的手脑并用。这些艰苦卓绝的努力惊人地重现和还原了地球的远古到近代还未被仪器观测的气象情况。即便像我这样的气象学家，阅读这本书也恍如在看《识骨寻踪》或《逝者之证》之类的美剧，在满足求知欲的同时，也获得了不少的惊险和刺激。每年地球大气中都会有一些物质降落到包括两极在内的巨大冰层上，并为其近乎永久所保留，就像法医学中的痕迹鉴定技术，科学家通过提取冰芯，对这些冰层进行年代测定，目前已经高精度地知晓了长达10万年以上的事件发生的时间，然后再将其与历史事件、江湖沉积物、海洋沉积物、树轮记录进行比较，确定所测定的时间的可靠性。冰芯的提取、保存、分析和测定等的过程凝聚了人类非凡的智慧，也显示了科学家们的互助协作精神和高度责任心。

近年来，气候变化不再是气象学家的专利，其复杂的系统相关性已经辐射到几乎所有的学科，从而成为人类历史上最跨界的科学之一。

虽然我读过很多国内外气候变化相关的科普著作，往往都是采用了在著述过程中所得到的科学结论，但因为气候变化研究的成果更新很快，如果不能理解其中的原理，很容易会陷入到谬之千里的误区。作为科学工作者，本书作者深知结论并不是至关重要的，得出结论的思辨过程才弥足珍贵，比如科学史上"日心说"和"地心说"之争中对立双方的推理都推动了科学的发展，因为即使证据发生了变化，我们也可以从其中的分岔重新"定位"，从而找到更加准确的结论。对于气候变化这样极其复杂的问题，争论双方都不可能完全说服对方，但有些共识还是可以建立的。本书作者在许多科学结论的推演中，都提供了非常详尽的原理解释。特别是最后一章的总结，是我看到过对气候变化最清醒的认识，我非常钦佩作者一丝不苟、实事求是的科学精神。

最后，要感谢重庆大学出版社的"慧眼识珠"，在时下如此丰富的科学议题中，推进这样一本硬核的气候科普著作的翻译出版；也希望各位读者可以通过本书来深入理解气候变化的过去、现在和未来，特别对于气候变化的跨领域的研究者，一定会在其中找到创作的灵感。

邬 锐

2024 年 12 月 19 日徐家汇古观象台

▼
▼
▼

## 表盘拨到久远的过去

　　从你口袋里的智能手机切换到格陵兰岛冰原底部和我们的地球气候史，你可能会觉得很诡异。但对于这样一个奇怪的旅行，从手机说起是个好的开始。

　　手机只是一杯石油、一把沙子、一些恰如其分的岩石与科学和工程上大量的技艺制造的，用好的设计、营销和网络化进行包装的。我收到过一些人的信息，他们宣称，科学家对于世界的运转并无特别的见解。但这些人可能是想表明一个观点，而且真的是真知灼见——试着将石油、沙子和岩石直接提供给营销团队、美国众议员或者其他非技术团体，看看最终产品会是什么样子。

手机里的GPS知道你所处的位置，部分是因为爱因斯坦的相对论是正确的。如果GPS时钟没有对卫星速度和地球重力倾斜度的影响进行相对论修正，每天就会累积到大约9千米的误差。爱因斯坦的相对论已被证明、重新计算和转变过很多次，以致现在抹去他的名字不仅会对科学造成危害，也会对历史造成危害，其中一个考验就是，数十亿人每天都在使用GPS导航他们要去的地方。

爱因斯坦没有因为相对论获得诺贝尔物理学奖，而是因为解释光电效应对量子力学有了贡献而获得诺尔物理学奖。接下来，量子力学就被用来设计你手机里的计算机和人们用于充电的太阳能电池。爱因斯坦做出他的伟大贡献之后的将近一个世纪里，量子力学也帮助我们理解了大气观测方面的现象。

来自太阳的可见光透过大气照耀并且使地球升温，地球又以波长超出可见光的红外波段反射几乎同样数量的能量到宇宙空间。1824年，法国科学家约瑟夫·傅立叶已经利用热辐射的知识发现了地球的温度会比单纯的计算所显示的更高，提出了大气可能会充当某种像玻璃在容器里阻热一样的作用。到1859年，英国物理学家约翰·丁达尔揭示了二氧化碳、水蒸气和其他气体在特定波段附近吸收红外辐射，而令其他能量通过。我们现在经由量子力学知道，光可以被看作波和粒子，那些分子会吸收与粒子-光子相对应的波长——用几乎恰好的能量引起特别的摇摆或转动。而且因为被激发的分子和未被激发的粒子碰撞得非常迅速，使温室气体温度升高，继而整个大气升温。

之后，在1896年，诺贝尔化学奖获得者、瑞典物理化学家斯万特·阿伦尼乌斯在研究冰川期时，计算了化石燃料燃烧所产生的二氧化碳对地球气候的影响。但如果回到1896年，阿伦尼乌斯错误地低估了化石燃料公司的狡黠，它们如此高效地为人们提供化石能源，以至于现在美国的二氧化碳排放量相当于每人每年约20吨。

爱因斯坦就这样开始了他的伟大发现，而那时气候科学已随年代流逝愈发灰暗。然而，爱因斯坦帮助人们理解了量子行为，也真正为我们进一步的气候研究提供了物理机制。第二次世界大战以后，美国空军基于某些原因总结出了许多相关物理机制，诸如在导弹上安装带有热跟踪的传感器。（二氧化碳阻止了地球辐射的特定波长，同时也阻挡了敌方轰炸机的热引擎释放的这些波长。）

科学家"相信"全球变暖不是因为二氧化碳和温度同时上升——许多指标都在一直上升，包括我的年龄和发际线——而是因为二氧化碳一直在上升，而且会持续这样，紧跟其后的是已经被充分理解的物理过程，这无法避免。气候科学家不会建立"全球变暖模型"，相反，大气的物理特性表明二氧化碳的升高对变暖有着影响。从许多方面来看，"相信"这类似于相信重力或者GPS。

## 什么没有改变

我们需要一本不同的书——实际上是许多书——来研究物理学对生态系统、经济学和伦理学的影响，以及思考有哪些选择等。最简单的结论是我们必须向一个可持续能源系统迈进，因为我们燃烧化学燃料的速度比自然界为我们保存燃料的速度快一百万倍。如果我们在决策时能够利用能源和环境系统方面的可靠科学依据，在我们烧完大部分剩下的化石燃料之前就开始改变我们的行为，我们就能拥有更好的经济情况，包括更多的工作机会、更强大的国家安全、更清洁的环境，我们会有更符合黄金法则的抗灾难保险。忽视这种物理学现实意味着抛弃能够帮助人们的有价值信息。

自本书第一次出版至今，这种理解就没有改变过，相反，它只是变得更强了。当我们开展更多的研究后，可能出现的科学问题就已经缩减了。例如，地表和卫星温度记录出现了初始观测误差，因为卫星是为天气而非气候监测而设计的，当卫星数据的误差被确认和修正后，这些不同就消失了。随着冰川融化、钻孔温度和其他档案的重建还原同样基本的历史，关于树木年轮能够记录近期气温变化的说法已经逐渐消失了。

我们那些研究气候变化的人仍然被这些前沿研究所鼓舞，对于有意愿投身其中的学生的渴求从未像现在这样大。但是，在这个大背景下真的没有瑕疵。况且从科学的角度看，没有其他值得花费同等时间的研究领域了。科学是人类能够得到的最好理解。我们有许多科学家正在努力改进它，也有许多科学家希望用它帮助人们。

自从我们团队完成了格陵兰岛中部的钻探，冰芯科学已经有了长足的发展。从南到北，加之高山冰川发现的新冰芯已经将记录扩展到了新地域，新时代和新测量有着更高的准确度和分辨率。但是，这个基本图景仍然是一致的。巨大的火山爆发通过遮挡一两年照射到地表的太阳光而影响气候；如果它们能组织起来一起爆发，它们就能主宰世界，但是实际上，新西兰的火山无法告诉阿留申群岛的火山什么时间爆发。当太阳发生改变时，气候也会变化，但我们还是幸运的，太阳改变得不是太快。地球磁场和宇宙射线的巨大变化都被气候忽略了，而太空尘埃，本来就没有太大变化，何况它还很稀少，因此更无足轻重了。

地球运行轨道的特性——米兰科夫斯基循环——改变了一地和一季超过10%的日照，这对气候真正会产生重要的影响。但是，这些米兰科夫斯基循环主要涉及这个星球上阳光的循环往复，一年里到达整个地球的阳光总量几乎没有改变。北半球的夏季阳光减少，冰川扩大，整个世界就会冷下来，包括那些有更多阳光的地方。当北半球的夏季阳光增多，冰川融化，整个世界就暖和起来，包括那些阳光很少的地方，这些数据非常清楚。起初，这种反应看来不可理解。但是冰芯数据清楚地显示北半球冰川扩大伴随着大气中二氧化碳含量降低，而北半球冰川融化则伴随着大气中二氧化碳含量升高。这些二氧化碳的改变解释了为什么气温和日照会在世界绝大部分区域里反向变化。

## 我们理解更好的部分

我们仍然试图理解控制二氧化碳这些变化的所有过程，从冰川增长时期的大气到深海，然后当冰川期结束时又从深海到大气。目前最有意思的观点始于早期大气和海洋表面简单地进行二氧化碳的交换。生活在阳光照射下的海洋表面植物将二氧化碳转化为更多的植物。然后这些植物中的一部分，或者是吃了它们的动物，在死后沉积到深海，培育一个从二氧化碳里释放出碳的巨大深海生态系统。

但是这些额外的二氧化碳并不会永远待在海底，当深层海水上升到海表时，它们大部分会回到空气中。深层海水的许多次这样的"上翻"发生在南冰洋上。那里，南极周围的狂风呼啸，推动大量的水。但是因为有地球自转科里奥利力，风驱动的洋流会远离南极往北转向，被来自低层的海水所取代。

冰川期，地球的冷区扩张而暖区缩减，变冷往往会将主要的风带转移到赤道。但这也会往北转移"狂暴50度"（南纬50度到60度之间海域的俗称）和"尖叫60度"（南纬60度到70度之间海域的俗称）的风，部分风会被南美洲的安第斯山脉阻挡。南冰洋上的弱风吹不动海水，所以深海的水不能迅速升上海面释放二氧化碳。当世界范围的植

前　言 / 007

物持续生长、死亡和沉降，大气中的二氧化碳含量会下降。

　　然而一段冰川期的寒冷并不会永远持续下去。几千年过去，日地轨道会慢慢转换，北方升起的阳光开始融化巨大的冰层。大量的融水倾倒入北大西洋。盐度更低的海水更容易结冰，所以海冰在冬天增加。正如本书会说到的，北大西洋很大区域的海冰往往会突如其来地改变。当海冰增长的时候，即使光照时间增长，也会引起北方临时性的冷态。不过这会干扰携带热量到北方的洋流，从而使南方更温暖。这样也将风带转移到南半球的大洋，使得海流更加湍急，从而释放储存于深层海水中的二氧化碳。顺着这样的假设来看，北半球气候的突变在地球气候中起到的作用比我们最初推测的要大。

　　当第一次认识到这种突变的尺度和速度时，我们科学家都惊呆了。北大西洋太多的融水可能触发各种浩劫，以及来自化石燃料中的二氧化碳的保温作用融化了格陵兰岛的冰川。科学家团体显得并不是那么焦虑。人类活动引起的全球变暖正在往危险的方向推动，但许多精良的气候模式显示我们的推动速度并不足以触发这场灾祸——所需要的融水比可能提供的更多。2007年，联合国政府间气候变化专门委员会预测在下一个世纪只有少于10%的可能会发生这样的大瓦解。

　　但是少于10%不等于零。这就产生了气候变化研究中最重要观点之一：建构事物比破坏事物更难。我们看不出来大量而迅速地升高空气中二氧化碳的含量如何能把地球变成天堂，这需要把很多事情"做好"。但我们确实发现升高空气中二氧化碳的含量可能会毁掉我们珍惜的事物。至少北大西洋有可能会波动，冰盖崩塌，像亚马孙雨林这样的主要生态系统会失灵，热带地区太炎热，以致大型动物无法在户外生存，或者海洋中的"死亡地带"迅速扩张。人们认为所有这些是不可能发生的，因此对灾难的预估从来也不算这些，认为只要我们慢慢释放化石燃料里的二氧化碳就可以变得更好。如果把它们考虑进去，现在就可以推动更多的行动。

在这个意义上，气候科学是乐观的。我们估计了地球系统对人类排放的二氧化碳最可能的反应。许多人用这个估计来问人类的出路在哪里是明智的。但是，科学也会展示这些情况可能比我们估计的更好一点，或者更差一点，但几乎不可能好很多。如果你了解美国每人每年排放20吨二氧化碳，加上世界其他地方释放的二氧化碳，还有爱因斯坦和空军帮忙改进的陈旧物理学，你就知道我们在对地球大气进行一个巨大的实验。如果你真的信赖气候科学，你就可以相信最有可能发生的结果实际上已经在发生了。但如果你不相信我们，你应该会更焦虑。

## 趋向南方

当我写完这篇文章后，我会回去跟我在WAIS分部的学生和同事一起研究来自南极西部的深层冰芯。在首席科学家肯德里克·泰勒的

目  录
CONTENTS

目 录
CONTENTS

目　录
CONTENTS

# 第一部分

# 设置舞台

我们为什么要关注地球气候的过去和未来的走向

# 1
# 时间快进

/

我们生存于熟悉的天气里——高山上常年积雪，沙漠干旱不堪，雨林雨水嘀嗒。但要是我们的气候突然变得完全出乎预料呢？如果你睡觉时是芝加哥那样寒冷的天气，醒来时却是亚特兰大那样暖和的天气，或者更糟，天气情况在寒冷和暖和之间来回切换：几年寒冷，几年炎热，那该怎么办呢？这样疯狂的气候不会毁灭人类，但它们可能会造成有史以来最重要的机体挑战，伴随着大范围的农作物减产和社会混乱。

巨大、快速和大面积的气候变化在地球大部分时间是普遍发生的，我们对此有很好的记录，但在关键的几千年里，也就是人类发展农业和工业的时期，这种变化却不曾发生。当我们的祖先用矛刺向毛茸茸的猛犸象，在洞穴壁上绘画时，气候失控得摇摆不定。几个世纪以来，温暖、湿润、平静的气候与寒冷、干燥、多风的气候进行替换。这种气候在寒冷和温暖之间突然转换，无须几个世纪，可以仅在一年之间发生。冷热反复"闪变"，好几十年后才会平静下来。

这种气候疯狂的历史记录在洞穴、海洋、湖泊沉积物和其他地方。但是在格陵兰岛的冰层里的记录可能是最为清楚和最有说服力的。这种无与伦比、长达11万年的档案提供了格陵兰岛每年的寒冷程度和新增积雪量，也记录了风暴从亚洲吹来沙尘和从海洋吹来盐分的强度，甚至是全球的湿地扩展的情况。

这些记录清晰地表明了地球气候涵盖了比工业时代或农业时代的人类所经历过的更巨大、更迅速、更广泛的气候变化。格陵兰岛冰芯里的11万年历史，诉说了9万年里从接近我们现在的暖期滑向全球寒冷、干燥、多风的冰期，经历1万年的回升，回到温暖的时期，以及1万年的现代暖期。但这些冰芯也显示了冰河时代的到来和结束是一种醉醺醺的踉跄，其间穿插着几十个突然的变暖和变冷。最著名的气候突变是新仙女木事件，在寒冷似乎完全消退后，它几乎使地球又回到了冰河时代。新仙女木事件结束于大约11 500年前，当时格陵兰岛在10年或更短的时间里上升了15 ℉①。然后，更为缓慢的气候变暖把我们带入了当前1万年来气候的稳定、农业和工业的发展。

---

① 1 ℉=−17.222 222 22 ℃。——译者注

但是最近千年以来，越来越短暂和缓慢的气候变化已经以各种方式影响人类文明——那些微小的气候变化似乎越来越明显。"小冰河时期"的降温改变了几个世纪前欧洲人的定居模式，虽然与新仙女木时期或者全球冰期相比，看起来微不足道，却是几千年来最大的变化。

许多除格陵兰岛外的地方的记录记载了更长的气候史（可能更模糊）。在最新的一百万年，格陵兰岛冰芯所记录的模式一再出现：一个很长的迂回进入冰期，又更快地迂回离开冰期，然后是好几千年的稳定，周而复始。当前稳定的间隙属于记录中最长的时期之一。因此，大自然可能会结束对我们友好的气候，而且可能会非常快到来；小冰期可能是进入这条路径不稳定的第一步。

在我们的气候中，洋流在大西洋的表面一路向北，它们因热带的阳光变暖，然后冬季在北欧释放热量，使得欧洲人可以在更北的地区种植玫瑰，比加拿大人能够遇到北极熊的纬度还要高。在北大西洋冷却的海水下沉到深海，向南流动，这是绕地球旅行的第一阶段，然后再返回。这种"传送带"式的循环精巧地被平衡——以雨水或冰山消融的形式给北大西洋增加淡水，在冬季，大洋表面会冻结产生漂浮的海冰，而不是下沉为更热的水腾出地方。许多证据表明"传送带"式的循环如果突然关闭或又一次启动，突然的冷却或变暖就会发生，触发其他传播到全球的改变。

人类导致的温室效应看来能够通过增加北极地区的降水和融化格

陵兰岛上一些剩余的冰盖来触发"传送带"的关闭。虽然它看上去很奇特，但"全球变暖"实际上是使某些地区冻结。而且如果我们减缓变暖的速度，我们就有可能避免突然的变化，甚至有助于稳定气候。

本书是论述气候突变的进展报告。我们会讨论所知的情况及其获得方式，以及它们对我们来说可能意味着什么。气候突变为关于全球变暖的讨论提供了非常不同的视角，所以我们将在这个新的视角下验证温室效应的讨论。我们不会发现所有的答案——许多还不知晓——但我们将为这些问题设定框架，然后我们会获得一些通往未来的暗示。

## 气候很重要

气候很重要。它对生活在一百万年前的维京人非常重要，他们定居冰岛，探索新大陆，并在一千年前异常温暖的天气时期被吸引到北部的格陵兰岛。但温暖并没有持续下去，随着气候变冷进入小冰期，维京人在格陵兰岛的定居范围缓慢收缩（见图1.1）。定居者在寒冷的冬季将农场里的动物带进他们的房子里。最终，定居者吃了他们农场里的动物，然后是他们的狗，最后他们自己也消失了。气候对于20世纪30年代尘暴年的俄克拉荷马的农夫也非常重要。当时，许多人一路向西，就像他们那里的泥土被干燥的风吹向东方。今天，伴随着洪涝和干旱，丰年和荒年，气候大多数时间对我们中的许多人都很重要。

　　公平地说，气候并非一切。尘暴区和格陵兰岛变冷的受害者遭遇困境可能是由于他们的耕作方式加快了土壤侵蚀，而俄克拉荷马人在逃离天气变化的同时，也在经济大萧条中逃亡。虽然，维京人因为寒冷而离开了格陵兰岛，但他们的"爱斯基摩"邻居——图勒因纽特人，却安然度过了寒冷。

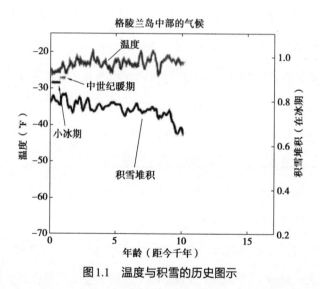

图1.1　温度与积雪的历史图示

我们很快会讨论，最近一万年间格陵兰岛中部的温度和积雪率的历史。水平轴显示了温和、湿润的中世纪暖期，当时维京人定居格陵兰岛；更加干冷的小冰期，它将维京人赶出了格陵兰岛。这些记录已经被一个世纪左右跨度的平均化处理变得"平滑"，形成一段在8 200年之前短期的冷期，看上去比现实情况更短。在这里表示的1~2度的变化就是大部分专家所忧虑的许多种类气候变化。数据来自卡菲和克劳的1997年的论文，详情见本书"参考文献"。

一直以来，当大自然浇灌庄稼时，亚述文明、玛雅文明、阿纳萨齐印第安文明和其他古代文明看似都会进入鼎盛时期。而当庄稼干涸而死时，这些文明就会衰弱。气候对它们非常重要，当然对我们也是同样如此。

全球变暖是我们这个时代最重要的争论之一。一方认为，人为造成的气候变化将使得我们的生存变得艰难，几百万人可能会丧生，我们文明的结构可能会被永远改变。另一方则警告说，为了避免这个假想的命运而做出的努力可能会导致我们在经济上自杀，并引发我们所担忧的衰退。为了解决这个重要的争论，目前已经投资几百万美元，并有成千上万的人投身于为地球研发一本"操作手册"。土地和水，空气和冰，土壤和植物——如果我们能发现它们的运作原理，它们是如何联系在一起的，以及如何相互依赖的，可能我们就能够对气候变暖、臭氧层损耗和其他全球问题做出理智的决定。

这个努力被称为地球系统科学。它主要是观察此时此地的地球，理解现代的过程，建立这个过程的模型以用于预测。但历史也在两个方面起作用。正如过去人类的记录帮助我们理解人类社会一样，过去气候的记录也会帮助我们学习地球系统是如何运行的。而且，正如现代政治学家能够用人类历史检验他们的观点一样，地球系统科学家也能够用过去的气候改变来检验他们的模型。

这些科学家检验的气候模型是高度调整和计算化的天气预报工具。

如果你决定去学习预测天气，每天都会提供新的问题，又会在第二天得到答案。在大学学习中，一个接受培训的天气预报员需要操练预测第二天的天气一千多次。

预测气候就不那么容易了。试想一个假设的模型编制者告知美国国会议员，如果我们不改变我们的生活方式，灾难将在一个世纪后到来。国会主席不太可能会接受这种科学无谬误的信条，而且可能会表示经济政策不应基于无法检验的计算机输出结果。这场争论真正的赢家和输家将是争论者的曾孙，因为此类模型的编制者和国会议员在这种预测能被检验前已经归土了。

如果科学家也能够告诉国会议员，"预测未来问题的气候模型已经通过模拟过去气候得到了检验，无论过去气候是更干还是更湿，更暖还是更冷，温室气体含量比今天更高还是更低，这个模型都成功地再现了观测结果。这个模型已经被用来模拟这样一段时期，开始于上一个暖期，经过了一个最近的冰期，直到今天，然后成功地应验了那些带给我们的改变"。国会议员可能会很难像打发蠢蛋一样驱逐这位科学家。但是为了检验我们气候历史的模型，我们必须知道那段历史。

这些问题远远不是学术的。中世纪暖期帮维京人打开了进入冰岛、格陵兰岛和北美的通路，而小冰期的降温又使得维京人离开格陵兰岛，并导致冰川向挪威的农庄推进，允许汉斯·宾克（Hans Brinker）在荷兰的运河上溜冰，与新仙女木事件以及其他在最后的冰期结束时的气候跃变相比，这些都相形见绌，如图1.2所示。一些气候模型显示这样的气候跃变可能会再次出现，而且人类活动会触发或阻止其再次出现。我们对过去的重大气候跃变的理解需要谨慎。本书也尝试在某个小的方面来扩展这种理解。

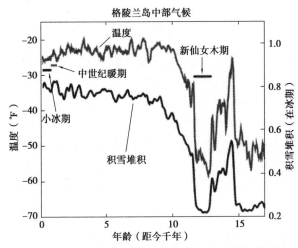

图1.2　17000年以来格陵兰中部的温度和积雪率的历史

著名的新仙女木事件和在它之前的变暖和变冷，使那些帮助维京人四处漫游的气候变化曲线变得更低。这张图的尺度和图1.1是相同的，数据来自同一数据源。

　　下一章，你会发现气候史的简要介绍，包括冰芯在其中的重要作用。在三次南极之旅和五次格陵兰岛之旅以及无数在冰冻实验室的时间让我很荣幸能解读冰芯记录。我们大部分研究冰芯的人是通过学习冰实际上如何记录气候开始的，本书的第二部分也介绍了我们使用的许多方法。这些方法教给我们很多关于气候的精彩内容，这会在第三部分里描述。这些结果迫使我们去学习超出冰盖的海洋和大气的过程，这会在第四部分里描述。最后，在第五部分里将描述所有这些努力提供给我们的对未来的领悟。

# 2
# 指向过去的标志物

/

为了阅读过去气候变化的记录，我们必须发现正确的历史书籍。气候最后一次跃变时，人类还没有发明文字，因此，我们不能在图书馆里找到答案。幸运的是，在冰层、河床和海底有一种"图书馆"，它们能告诉我们很多想知道的内容。

考古学家在古人类倾倒的垃圾堆里戳来戳去，试图寻找他们生活方式的线索。"现代考古学家"在现代的垃圾堆里做着同样的事，从一堆我们吃了一半的热狗中找出芭比娃娃的头，从而对我们了解更多超出我们期望他们了解的信息。地球系统的"垃圾"被称为沉积物，而且它堆积在许多地方。常识和细致研究可以让我们在那些沉积物中"读出"记录，了解它们是何时沉积下来的，以及当时的世界是怎样的。

沉积物本身提供了它起源的线索。冰川拖拽其他岩石时，会打磨和抛光它。当风吹起沙粒时，沙粒堆积成沙丘，然后泥浆在湖底形成有规则的层。我们很容易从冰川沉积物中识别出寒冷气候，从留下的沙丘识别干旱气候，或从湖底沉积物中辨认湿润气候。

如果从湖底沉积物里筛查，你常常会发现许多其他的趣事。风吹动的花粉可以很轻易地在古老的沉积物里被认出，来自灌木蒿丛、棕榈树或者苔原地带花朵的花粉将讲述这个湖周围的或干或湿、或热或冷的迥异故事。很多生活在湖泊的生物在沉积物中留下它们的外壳，而且有不同外壳的不同种类生物居于或咸或淡、或温暖或寒冷的湖泊。还有许多其他指标，我们将讨论这些指标，因为它们对讲述我们的故事很重要。

许多古气候学家花了很多时间去观察海洋沉积物。海洋占据了这个星球的三分之二多，而且积聚的沉积物几乎无处不在。相比之下，湖泊和沙丘就很稀少，因为大部分的陆地表面缓慢地被冲刷或风化，而不是埋在沉积物中。矛盾的是，研究来自海洋的沉积物，比研究陆地的沉积物更简单。专门用于从海底收集沉积物泥芯的大型特制的挖掘船，全年都在工作。但在一个小池塘里提取泥芯会涉及找合适的钻头，找船，得到土地主的进场许可，在池塘附近的泥沼中进行挖掘和装运，为了获取一些来自底部的泥土还得跳下潜水，湖泊封冻时赶回来钻取冰芯而困在漫天风雪里等。

幸运的是，许多人看似愿意忍受泥沼和蚊子，或者是在雪地里滑行，所以我们可以从湖泊里钻取泥芯。其他的记录也可以从洞穴形成、树的年轮，甚至是老鼠零零碎碎的东西中收集。林鼠会在洞穴附近采集这些零碎，然后撒上尿，为后代预留食物。

过去气候的最高纪录可能来自冰川和冰原。足足有十分之一的地球表面被冰所覆盖，大部分在广袤的南极和格陵兰岛的冰原上，以及更小一些的高山冰川中。最大的冰原在中心部位超过2英里[①]的厚度，于是在几十万年甚至是几百万年里一直在积累冰雪和气候记录。气候学家用钻头在冰原和冰川里切割，收集冰芯。一个冰芯是冰的圆柱体，一般直径长4~5英寸[②]。冰芯往往是在3英尺[③]长的冰段，但当它们被连接起来安放时，这些冰段可以扩展到2英里，涵盖了冰原及其中包含的空气的整个历史。

正如我们很快将讨论的，冰芯展现了过去的温度，讲述了降雪的多寡、风力的大小、逆风时森林火灾发生的频率、周围的海洋贡献度、太阳的活跃度，甚至空气中的二氧化碳含量，湿地在地球上的扩展方式。冰带来了所有这些信息，提供了在地表众多区域异常完整的气候变化史。

最近，对冰芯和许多其他气候记录的解释更新了我们对地球的看法。我们曾经相信，气候是表现良好的——太阳亮度、大陆位置、或

---

① 1英里=1 609.34 米。——译者注

② 1英尺=0.304 8 米。——译者注

③ 1英寸=0.025 4 米。——译者注

者空气成分的微小改变都只会引起气候的轻微改变。冰芯却讲述了一个更加复杂的故事。有时，一个小的"推力"会引起气候轻微的改变，但有时，一个小的推力会将地球的气候系统带入一个不同的运作方式，从而给几年或几十年里的地球带来新的天气形态。对习惯于地质年代变化的科学家来说，这几乎就像有人按下了开关来改变气候。有时，气候在进入一个形态之前会来回摆动好多次，就像是一个三岁的顽童在按着开关。比起让格陵兰岛的维京人和俄克拉荷马的农夫背井离乡的气候，或者农业时代或工业时代的人所经历过的气候，气候的跳动幅度更大、速度更快和范围更广。如果这些改变发生在今天，后果也可能会很严重。

我们仍然不知道如何去预测这些改变，或者它们再次发生的可能性有多大。但我们认识到许多研究的关键点，这个谜团的许多碎片，也知道了如何来设定正确的问题。所以，让我们从格陵兰岛开始吧。

# 第二部分
# 阅读记录

怎样获知地球气候过去所发生的事。

# 3

# 奔向格陵兰岛

/

在格陵兰岛或南极钻探冰芯常常需要动用装备有滑雪设备的飞机，并在雪地上飞行数百英里到达−30 ℃的人类露营地。利用雪地车、雪橇、履带式拖拉机、计算机和大量"清洁剂"和"巨锤"，为了从钻探队员的脚下深厚的冰层里取出冰芯，并分析这些冰芯，然后运回去，他们会跟短暂的夏季赛跑。在下面的几页里，我们将快速浏览一下这种奇特的游戏。

## 提取冰芯的简史

无人知道5000年前的"冰人"是否注意到他穿过的阿尔卑斯山冰川上冰隙墙的冰片。之后他掉了进去并被冻僵，直到他的尸体最近才被发现。我们也不知道是谁首先想出在这些冰川中取出冰芯来研究这些冰层。许多观察者相信是亨利·贝德——美国陆军工程兵部队的员工，第一次开启了冰芯钻探的时代，最终指引我们来到了格陵兰岛。

军队很久以前就对寒冷感兴趣。凛冽的冬天帮着把拿破仑从莫斯科赶了出来，而且在整个历史进程中挑战着士兵和他们的设备。美国陆军工程兵部队已经有一个研究院，帮助人们和设备来应对寒冷，就是现在著名的"寒冷地区研究和工程实验室"（CRREL），地点位于新罕布什的汉诺威。这个实验室的专业核心是冰、雪、海冰、冻土等基础和应用的研究。一般民众毫无疑问比军队更多地受益于寒冷地区研究和工程实验室的研究，我们对寒冷地区惊人的知识储量可以追溯到寒冷地区研究和工程实验室的努力。

对全球相互依赖的清醒认识导向了1957—1958年的国际地球物理年，这时很多研究是集中于很少被探索的格陵兰岛和南极寒冷地带（见图3.1和图3.2）。亨利·贝德作为美国重要实验室的首席科学家，推动了冰川冰芯提取的科学研究。发展项目那时已经开始了，并积极地推向深入。在1966年以前，已经在格陵兰岛世纪营附近的冰原西北边缘拐角处的接近1英里范围内提取冰芯。两年后，托尼·高（Tony Gow）在拜德站（Byrd Station）上分析了来自南极冰面的第一根超过1英里的冰芯。这些努力伴随着寒冷地区研究和工程实验室和其他人的其他行动，包括钻探南极罗斯冰架（Ross Ice Shelf）和丹麦-瑞士-美国的GISP，后者1981年在戴-3站（Dye 3）已经完成了穿过格陵兰岛南部拱形冰面的取芯工作。

图3.1  冰原狐狸

在GISP2的钻探过程中，这只狐狸快步小跑到营地内，它已经穿过了超过100英里的冰原，而没有遇到任何明显的威胁。

图3.2  幻日现象

有趣的"幻日"现象是在酷冷的"夜晚"时，地平线较低处，空中生成的冰晶反射的太阳光。

这些早期努力的科学回报是出色的。极地研究者的先驱在他们地图上的巨大白色斑点上加上了第三个向度，标识这些冰是如何流动和变化的。详细的分析展示了一层叠一层的冰在至少几万年里被堆了起来。而这些冰包含着造就它们的气候记录。令人迷惑的细节暗示着这些记录会改变我们看待世界的方式。

但是，早期冰芯提取是被巨大的困难所限制。冰芯常常在营地所处的地方钻取，而不一定是在最适合的地方。来自格陵兰岛的冰芯记录尤其令人好奇，而原因会很快变得快明朗起来。不幸的是，真正光彩夺目的故事是在非常靠近底部的冰层里，那里冰层的流动留下了难以解读的记录。

考虑到气候变化和全球变暖，许多人呼吁关注新的格陵兰岛冰芯的合适提取点，以应对这两个重大问题。收集两个提取地点靠近的冰芯表示了记录是否可重复，从而保证了可信的程度。国际合作将改进这门科学的质量。合作工作为：制订计划，签署协议，获得许可，设计钻机。

这种紧密的行动催生了GISP2和GRIP项目。GRIP即格陵兰岛冰盖计划，主要是欧洲的财团支持，于1989年和1992年在冰帽的顶峰进行钻探。GISP2，即格陵兰岛冰盖计划-2，则基本来自美国的支持，在1989年到1993年在GRIP以西20英里处进行钻探。

当所有这些计划、建设和调查进行时，我还是一介学生，在俄亥俄州的学校和之后在威斯康星的学校里进行研究。1985年，我花了几个星期在格陵兰岛的某个地方，这个地方是后来被选为GRIP营地处略偏南的地方。在那里，我帮着钻探和分析了一根冰芯，它来自一些短小的300英尺长的冰芯，它们引导我们找到了深处取芯的最佳地点。我毕业后成了教授，也得到了许可和资金来加入GISP2项目中。保罗·梅耶维夫斯基（Paul Mayewski），新罕布什尔大学卓越的冰化学家负责这个项目。一个出色的研究者团队正在集结，包括寒冷地区研究和工程实验室的冰学界永恒领袖托尼·高，他几乎在拜德站进行钻探的20年里领导着整个团队。我被选中与托尼和他的同事戴布·米斯（Deb Meese）一起从事分析工作，这真是很幸运。

简单地说，在GISP2的每一个五年里包含了从4月到9月的工作。有人提前去建造或开拓营地，之后科学家就加入进来（见图3.3）。科学工作一般被分成两个为期6周的"阶段"。为了研究冰芯的物理属性，我的研究团队和美国地理调查局（United States Geological Survey）的简·费茨帕特里克（Joan Fitzpatrick）一起，每年夏季工作一段时间，而托尼·高、戴布·米斯和他们的同事在另一段时间工作。在第二段科学研究完成之后，我们会在短时间里迅速打包并清理后离开此处，为明年做好准备。每支科考队会有大约50人在现场，负责钻探、科研、烹饪、装卸雪地飞机运来的补给等（见图3.4）。

图 3.3　笔者在格陵兰岛的冰面上

图 3.4　GISP2 的营地

有时候，在冰原生存如此艰难。

## 干活

GISP2营地是按照几位合作者仔细制订的计划运转的。美国国家科学基金会给GISP2提供资金，而欧洲科学基金会则给另一个平行项目GRIP提供资金。美国空军国民警卫队109师提供了重型运输机，在两个营地之间进行支援。109师吨级的运载能力保证了冰芯的安全和可靠性，彻底改变了极地研究。

极地冰取芯办公室（PICO）签订合同，钻取GISP2所需的冰芯，管理营地。在数十年里，极地冰取芯办公室的管理范围已经涉及了极地的钻探和物流，以及南极横跨罗斯海的罗斯冰架的钻探项目发展。科学家之间的交流、冰芯的处理和其他关键项目的主持，都是由新罕布什尔大学科学管理办公室处理的。办公室则由首席科学家保罗·梅耶夫斯基领导。当一个大项目圆满完成后，你几乎能肯定背后一定有某个"英雄"的功劳，他会解决长年累月的计划和实践中出现的大量问题。保罗·梅耶夫斯基就是GISP2的英雄。

GISP2的困难之一是找到冰的分析方法。现在，美国丹佛有一个雄伟的国家冰芯实验室，由我的同事简·费茨帕特里克执掌。这里分析冰芯以及将它们存入档案。但当GISP2项目启动时，在美国还没有合适的实验室，所以决定在冰原上建造实验室，并在那里完成项目。

这可没有听上去那么简单。整个分析包括了对冰进行电、可见光和激光方面的检查，切割冰的切片用于化学和同位素研究，取出大块的冰用于分析其所含的气体，切成细片的冰来观察它们的晶格结构，测量冰的密度和冰中的声速等。许多化学分析也是在这里进行。正如第五章所述，来自钻探洞的冰芯需要一定的时间来静置，而且要让洞里带来的液体干燥以保持其不至于崩裂。妥善储存对于等待处理的冰芯来说是必要的。整个操作过程都必须避光和避风——最早来的风暴带来的雪会掩埋残留在表面上的一切。温暖的阳光也可能会把冰加热到非常接近融化温度，这可不是我们想要的。

整个处理流程都在一条壕沟里进行。这条壕沟是用一台巨大的吹雪机在雪地里挖出来的，深达20英尺，然后用木梁和木板盖上屋顶。降雪会慢慢地填埋壕沟，所以我们的入口楼梯和运货斜坡/紧急出口需要几次扩建。壕沟的顶部由于积雪的重量而渐渐被挤向地面，但是这种设计在整个项目中还是很奏效的，在后来很多年都可以继续使用。

冰芯被放在项目特别设计的托盘里，然后载有冰芯的托盘被推入滑轨，传送过程从锯切部分到电导率测量、能见度检测和封装阶段。处理好的薄片被分流到特别的侧凹室以供进一步的分析。电灯维持壕沟的亮度。温度保持在"舒适的"零下20℃。CD播放器让我们在贫乏环境里有了谈资。（"下一首是平克·弗洛伊德？""只要不是平克·

弗洛伊德都可以""就要平克·弗洛伊德""然后我下一首播放 Cow Tape"人们开始哼唱音乐……）

这些侧凹室都会让任何主任或者首席执行官喜笑颜开。如果这里的空间不够大，我们可能会拿出锯子（链条式电锯或者手动木工锯），从墙壁切割出一些冰块来腾出更多的空间，然后把这些冰块拉上地表。

钻探夜以继日地进行（见图 3.5），两队人马分担责任来把冰洞延伸得更深。夜里钻取的冰芯被储存起来，直到白班开始。在每天 10 个以上小时的工作中，科考队把冰芯放入流水线，进行分析、核验，然后封装以运回国内。夜晚则用来思考白天的结果，修理或改进设备、复制数据等。我们往往每星期工作六天。1989—1993 年这五年中的夏季合计生产了两英里长的冰芯（见图 3.6）。

返回美国的飞机常常是把冰芯放入"冷库"——飞机在寒冷的高纬度地区上飞行时，不会有暖气来为飞机供暖。在降落过程期间，特制的泡沫塑料绝热盒保护着冰芯，直到它被转移到更冰冷的卡车上。从飞机上下来之后，冰块最后被运到美国国家冰芯实验室的冷库。

图3.5　格陵兰岛中部，午夜的阳光闪耀在GISP2钻探塔上

图3.6　钻塔远景，表现了冰原的巨大和探测者的相对渺小

　　距离我们营地向东20英里的欧洲GRIP团队基本也是如此。实际上，冰芯之间的比较被证明是非常重要的——两个记录在最近的11万年间几乎相同，但由于在两个冰芯中显示冰流到最深层发生了混合，因此11万年前的冰是不同的。两个钻洞提供了更多的冰，使我们可以进行更多的分析，得到更多的知识。欧洲GRIP团队的努力领先于美国的团队有一个巨大的优势——欧洲团队有他们自己GRIP贴牌的意大利红酒（Giacomo Fenocchio & Figli, Dolcetto D'Alba，1989）。美国营旱得不行，想喝酒只能跨过海岸自己带过来。无论干涸还是滋润，

每个营都成功地从冰原里提取了2英里长的冰柱。

## 向更深处钻探

当你面对2英里长的冰柱时，你会怎样去抽离5.2英寸直径的截面呢？知道冰柜除霜的人都知道切割即使是一到两英寸的冰都是困难的，更何况2英里长的冰。

实际上，冰芯钻探原则上并不是太困难。用一根金属管，在底部切出锯齿，再把锯齿对着冰，转动管子就可以了。锯齿会切割出冰的碎片，冰芯会在管子的内部上升。这个想法类似于在安装门把手时在门板上钻洞；五金店里售卖有锯齿的短管，你可以用来完成这个工作。但在钻探冰的时候，这里会比处理门板更麻烦（见图3.7）。

冰的重量会向里挤压洞口，除非洞里填满一种与冰同样密度的液体。为此，我们使用了乙酸丁酯。这是一种对环境无害，也相对无毒的有机液体，它在大部分研究里不会污染钻探而得的冰，也具有低黏性，使得钻头能在2英里的行程中快速通过，也不会对钻探工作人员产生毒害。

**图3.7 用钻头获取冰芯的场景**

用轻的钻头获取几百英尺长的冰芯，和用重的钻头获取几英里长的冰芯，从原理上是类似的。这个钻头正由极地冰取芯办公室的卡尔·库伊维宁、比尔·波勒和约翰·李特瓦克在南极西部的冰流-B上操作。

正如为了防止堵塞木钻必须及时清理锯末一样，也必须清除钻头上的冰屑。旋转的钻探管外侧的螺纹和木钻工具的螺纹一样，它在一个工业气泵的辅助下，把这些冰屑冲到钻头上一个特制的盒子里。因为钻头悬挂在一根柔性电缆上，所以需要一个特别的钢板弹簧来推动孔壁上，以防电机和电缆与钻切部位一起旋转。

整个钻柱的线总共有大约100英尺长，悬挂在主宰整个GISP2营地的一个100英尺长的蛛形钻塔上。这个钻塔在白色的测地拱顶上伸出了70英尺。测地拱顶一般可以帮钻探工作人员抵挡阳光、风和飘雪。但在风大的日子里，当钻机拉出孔洞，人们不得不爬上拱顶，在钻机周围绑上带子悬挂起来，这样钻机就不会东倒西歪，砸到人或者被损坏。这都由一个钻探工人完成（见图3.8）。

图3.8　在钻塔里的钻机边工作的场景

极地冰取芯办公室的凯瑟琳·梅尔维尔，正在GISP2钻塔里的钻机边工作。

钻探工人不太像其他人。他们往往身手矫健、自信满满，经验丰富并且天赋异禀——而且非常不一样。与一位优秀的钻探工人交谈一会，你肯定会学到让你激动的知识——他或她会告诉你关于登山新路径的建议，或者建造一个飞机，或者为一个新发明申请专利，或者驾海洋独木舟探索未知路途，然后你会思考后喊出"哇"。钻探工人的职业描述包括建造高塔、处理几吨的供应物品、对一个大而强到足以杀人的仪器进行微调、生产总重量在40吨的冰芯，还能够逗乐最挑剔的科学家们。

钻探工人积极的工作态度——"我们在这里，我们有问题，我们有资源，我们是一个团队，我们会解决问题"——弥漫在极地团体的周围。无论是为50位饥肠辘辘的人做饭，引导货运飞机降落到指定地点，为货运飞机陷入滑雪道这一边的软雪来解困，徒手从飞机上推下5吨货物以便飞机再次起飞，在被暴风雪掩埋之前分好5吨货物，在大雪里修理好飞机破损的部分，捣鼓好几乎是古董的沉重设备，还是发起一次7月4日（美国国庆日）的冰上烧烤野餐，极地的钻探工人完成他们的工作可谓是快速、安全、高效，而且常常充满欢笑。

这里当然也有例外，例如，有个家伙喝醉了，在为数不多的温暖房子里的加热器上小便，不过之后他乘坐一架最近返程的飞机被遣返回到海岸。但是这样的情况还是很少的。在我从格陵兰岛回来的时候，我遇到的第一个态度粗鲁的人是在宾夕法尼亚收费高速公路的快餐连锁店里的营业员，这总是让我大开眼界，我自己会迷惑为什么"真实的世界"就不能更像GISP2一点呢。

# 4
## 冰封档案——冰原和冰川

/

　　格陵兰岛的冰给予我们格陵兰岛内外过去气候的、无与伦比的记录。类似树的年轮的冰层告诉我们这些冰有多么古老。我们能读出格陵兰岛的温度和降雪是如何变化的。冰中的尘埃和海盐被风带到格陵兰岛，它们在冰中浓度的变化告诉了我们其载体——风的变化。冰中被捕获的古老气泡包含了过往空气成分本身的变化。最近的冰层是厚实的，允许我们研究单个季节甚至单个风暴；更古老的冰层由于冰原的流动而变薄了，所以即使在细节少得可怜的情况下，我们仍能够不费力地研究更长期的情况。本章，我们会了解一片冰原是如何形成的。我们将看到重力导致厚厚的冰堆流动。这可以防止地球变得顶部太重以致侧转，而且也意味着冰原下的深冰具有非常悠久的历史。

　　如今，地球上十分之一的大陆被埋藏在永久冰之下。无论哪里，降雪超过融雪的话，冰都会增长。降雪堆积，更多的雪在重压下被挤压成冰，最后会在重力作用下开始流动。体积小的话，我们将流动的小型冰雪称为冰川；或者如果它真的很巨大，就称之为冰原。世界上一小部分永久冰分布在落基山脉、阿尔卑斯山脉、安第斯山脉、喜马拉雅山和其他几个山脉区域里的小冰川附近。但地球上的冰99%以上是在广大的冰原，覆盖了大部分的格陵兰岛和几乎所有的南极洲大陆。

　　如果地球今天所有的冰融化的话，全球海平面会升高200英尺——虽然不是"未来水世界"，但佛罗里达州的海岸将向北延伸到乔治亚州的某个地方，肯定也是一场灾难。幸运的是，我们预计在未来几个世纪里不会发生这样的灾难。但有这种可能：在接下来的一个世纪或几个世纪里，南极西部的冰原有可能会崩塌，从而使海平面升高20英尺，不过我在阅读最近的文献时发现这种可能性也非常小。然而，未来海平面上升几乎是不可避免的。20世纪以来发生的变暖已经引起了海平面上升，这是高山冰川融化和海水温度上升并膨胀造成的。即使大气温度稳定，海洋变暖和冰川融化仍然会越来越多——就像天气变暖之后冬季降雪需要一段时间才能融化一样，冰川和海洋还没有与现代的大气温度达到平衡。大气温度的进一步上升可能会导致海平面进一步上升。

　　20世纪90年代早期，GISP2的冰芯计划受到了大众媒体的注意。在电台或电视里报道之后，我们常常会收到关心环境的市民的问询或建议。许多是非常有洞察力和有趣的，但两个普遍的误解值得一提。第一个是我们声称这些冰原已有11万年历史，这肯定是完全错误的：第二次世界大战期间，降落在格陵兰岛冰原上的飞机已经被埋藏到了几百英尺之下，所以这几千英尺的冰原只能代表几个世纪的降雪。第二个普遍的误解是在这些冰原上的持续降雪会导致冰原堆积，很快它们会让地球头重脚轻并导致地球侧转。早在苏联时期，就有一个组织甚至发出声明，认为阻止地球发生侧转的唯一办法是用美国和苏联的运输飞机将南极的冰山拖到撒哈拉沙漠。

这里有几个主要的理由来说明为什么这些忧虑是错误的，包括这样一个事实，第二次世界大战期间的飞机降落到格陵兰岛某个降雪积累最快的区域。但主要的理由是在这些忧虑下的好心人忘记了关于冰川的一个基本事实：冰川是流动的。

## 下坡路

设想一下，将一些煎饼面糊倒在一个冷的煎锅中央以制造一个土丘一样的面粉堆。当你倒的时候，煎饼面糊会开始流动和扩展。重力会拉住所有的面糊，使它们摊薄，从而使煎饼面糊从它的表面高的地方流到表面低的地方。更陡更厚的面堆往往会更快地变平。

冰居然是可以流动的，这一点看上去很奇怪。我们知道煎饼面糊只是一种"厚"的流体，但冰却是一种固体——我们能在冰上漫步，在上面驾驶机动雪橇，降落大型的飞机，我们总是把冰当作固体。冰体流动的关键在于它是非常温暖的固体——实际上，它是自然界中最热的固体之一。

"热冰"可能对任何曾在户外坐过雪堆旁边座位的人来说都是奇怪的，但这却是真的。在讨论物质如何工作时，"冷"的固体是远低于它的熔化点的固体，而"热"的固体是接近于它的熔化点的固体。在冰箱里，一块马蹄铁和一块巧克力都是硬而脆的，都不能流动。在你的屁股口袋里，马蹄铁仍然是硬而脆的，但巧克力将会"柔软"，因为它会被加热到它的熔化点。让一个铁匠加热马蹄铁到白热状态，接近熔化，马蹄铁会变得像裤袋里的巧克力块。因为冰通常在十几度内融化，它更像白热化的铁或者口袋里的巧克力块，而不像刚从冰箱里拿出来的马蹄铁或巧克力块。冰流得并不快，但它确实会流动。

如果你在格陵兰岛的不同地方放置高的柱子，然后用测绘仪器在好几年里准确测量柱子的位置，你可以自己来证明冰的流动。许多人已经做了这个实验，然后他们发现所有的柱子以及柱子周围的冰雪都在从格陵兰岛中心移向海岸。移动速度一般是每年几英尺或十几英尺不等，而在格陵兰岛西海岸的雅克布港的一些柱子会以每年几英里的速度移动，它有着地球上陆地冰移动的最快平均速度。

降落在格陵兰岛的雪大约有一半在非常接近海岸的地方融化，供应了融水形成的海流，另一半形成冰山，漂浮到其他地方融化。海流带着冰雪从高寒地带的中心走向低纬地带温暖的冰原边缘。测量显示海流与降雪非常接近于平衡，所以冰原不会越积越高，地球也不会翻转。

这种海流的模式也解释了为什么绝大部分冰原保留在比埋在冰里的第二次世界大战飞机更深的冰层。为了看到这种模式的重要性，让我们回到在冷煎盘上流动的煎饼糊。如果你把一滴面糊放在冷烤盘的中央，最初陡峭和厚实的面糊团会先迅速扩展和变薄，然后扩展速度慢下来。在先前的面糊上放上新的面糊，这也会扩展和变薄，这时在它底下的第一层会在其混在一起产生的重力影响下持续扩展和变薄。加入更多与原来相同的面糊会形成好几堆的层次，底部最早的那层是最薄的，因为它扩展时间最长。

掉入这个煎饼糊的蓝莓会在某一个时间被后来的面糊所覆盖，向下移入平底铁锅的表面，这时蓝莓下面的面糊变薄，然后移向平底铁锅的边缘，最后蓝莓底下的面糊扩展时它会落到边缘。蓝莓下行一开始会很迅速，因为它底下的整个面堆是在扩展和变薄的；后来蓝莓到达平底铁锅，下行会变慢，因为蓝莓没有刚才那么多的面糊可以摊薄了。

格陵兰岛冰原和这种情况非常近似。大陆的分界线沿着冰原的外壳从格陵兰岛的中心向外移动，东边的冰雪往东流，西边的冰雪向西流；遥至北方，冰向北流到海岸，远至南方，冰向南流到海岸。我通过行走、滑行和坐雪地车等方法穿越格陵兰岛的外壳，从没有掉进坑里，因为冰原表面周围不会有裂缝。然而，东边的雪往东行进，西边的雪往西行进。冰层随着时间扩展和变薄，就像拉开橡皮带会让它变薄（见图4.1），煎饼糊里深厚而陡峭的点点滴滴流进了宽广而扁平的煎饼里。这些冰的底层仍然是和底下的岩石保持接触，所以冰层的变薄引起上层表面向下移动。

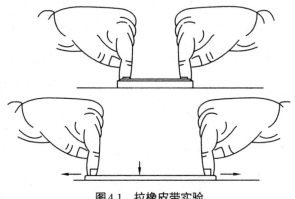

图4.1 拉橡皮带实验

如图所示，拉开一根橡皮带会导致它变薄。如果橡皮带底部仍然与桌面接触，然后顶部会向下移动。同样，在格陵兰岛西边的冰向西移动，格陵兰岛东边的冰向东移动，这造成了冰层之间的扩展和变薄，接下来会引起冰原的顶部向下移动，为更多的降雪腾出空间。

长期以来，这些冰原一直将降雪传送到海岸，冰原的形状和速度随着降雪的积累而变化。冰原的扩展和变薄每年都会使它上层表面向下移动，刚好为下一年的降雪腾出空间。这些冰原表面的任何标志物，比如蓝莓或者钻探营地，都将会随着时间越埋越深，这些标志物会被移向海岸，但冰原的形状随着时间的推移不会改变太多。冰山和表面融化会带走海岸附近的冰，就像煎饼糊会移出你的平底铁锅边缘。

在一两个世纪以来，在冰原顶部200英尺里越来越多降雪的重力影响之下，雪会被压缩成冰。这些雪里的一点点空气就是"瓶装"的气泡，会提供给我们过去空气的样品，但雪中大部分的空气被压到大气中。我们最容易忽略这些空气，只谈论每年增加的冰的厚度。一年里格陵兰岛中部的降雪会形成3英尺的雪层，并不像美国有些地方的降雪那样"有气"，美国降雪有大约2英尺的空气和1英尺的冰。格陵兰岛的雪会在一两个世纪里被压缩成一英尺厚的冰层，所以我们只能说每年会有一英尺的冰累积。

一旦那一英尺厚的冰在冰原上移动到一半路程被掩埋，这层冰会扩展和变薄到半英尺厚；冰层扩展时，末端会在非常靠近海岸时融化，或者断裂形成漂浮而去的冰山，所以这片冰原不会变得更广大。当最初1英尺厚的冰层覆盖了冰原3/4的路程，冰层会失去它3/4的厚度，只剩下1/4英尺的厚度。当覆盖了冰原7/8的路程，冰层会失去原来7/8的厚度，只有1/8英尺厚，诸如此类。因此，冰原之旅7/8的路程上的冰芯部分是表面的同样厚度部分的8倍时间长度。

实际上，事情并没有那么简单。正如所见，冰层的厚度是由原先的厚度以及变薄的程度决定的。现在描述的模型根本没有考虑最古老的冰，特别是如果冰流过不规则的岩床，多次碰撞会混合不同时期的冰——考虑一下煎饼面糊流过华夫饼一样纹理的烤盘，而不是光滑的平底铁锅。

不过，每年的冰层在冰原大部分的厚度上向下移动，正好为下一年的积雪让出空间。向下的运动是由下面所有冰层的扩展和变薄引起的（见图4.2）。靠近底面的冰层是非常薄的，扩展和变薄得很少，而且向下移动不多；远离底面的冰层更厚，从而扩展、变薄和下移更多。冰上的任何标志物——火山形成的地平线或者第二次世界大战的飞机———开始都会被迅速埋藏，但随着这些标志物越来越靠近底面会覆盖得越来越慢，就像你的煎饼糊上的蓝莓一开始会很快填埋，但之后会变慢速度。

所以如果任何人曾经警告过你地球翻转时会出现的大灾难，或者告诉你被埋藏的飞机表明了格陵兰岛的冰原还很年轻，你就会知道，流动的冰证明他们是错误的。冰流回到海洋的速度几乎与暴风雪带来新的冰雪的速度一样快，冰从格陵兰岛中心向外流动导致冰层变薄，这意味着飞机底部的冰积累了非常长久的时期，而飞机上边的冰则远没有那么久。

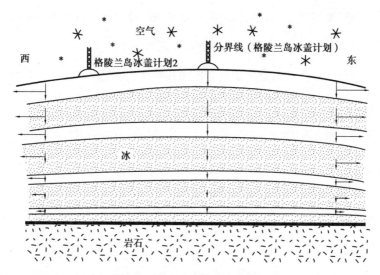

图4.2 格陵兰岛冰原的横切面

箭头表示相对运动的方向。在GRIP之下冰层中间的冰向下移动。GRIP以西的冰，朝着和超越了GISP2，向下移动并且水平向西，而GRIP以东的冰向下、向东移动。正如冰原顶部的白色地带所显示的，冰层一开始是厚的，但也如图中更深、更薄的白色地带所显示的，当它们扩展和覆盖时，冰层变薄了。

## 堆积

在下一个章节，我们会讨论这样一个问题，就像我们能计算树的年轮得到树的年龄，通过计算每年的冰层来得到冰芯的年龄也是可能的。一棵树上每年累积的厚度表明了树在这一年生长了多少。如果我们能够"修正"冰的流动所引起的冰层变薄，以及冰层所包含的空气的量，冰芯里每年冰层的厚度就会告诉我们这一年积雪有多少。

修正空气是非常简单的。除了要处理厚度以外，我们还会称量样品，计算冰有多少，因为空气几乎可以忽略不计。

冰流的一些细节更多是具有数学和物理上的复杂性，这也是有一点超出了本书的范围。前面的章节已经给出了大致框架——持续稳定的扩展会使冰层变薄。如果降雪过程中冰原没有大的改变，那么扩展和变薄的模式就不会改变很多，我们也就能够轻而易举地计算冰层变薄了多少。如果冰原的尺寸或形状发生了巨大的改变，变薄的速度就会在一段时间里改变，我们就会在计算发生变薄的总数量上出现严重的困难。

幸运的是，格陵兰岛中部变成了一个进行此类计算的神奇地带。冰原几乎覆盖了全岛。从来没有人看到过像格陵兰岛周围这样的冰原，它延伸到了深海水域之上。这些海水之下的沉积物泥芯显示它们没有被冰原所覆盖，因此，我们有信心认为冰原并没有比过去扩大很多。一些证据显示，冰期里更寒冷的时间使冰原有些微扩大，但在几万年或更长的时期里这里没有大的变化。

许多不同的研究组织计算了格陵兰岛的降雪时间里每年冰层变薄的速度。所有的计算结果都非常接近。因此，通过理解冰的流动和确定冰的时期，我们能够得到很棒的过往格陵兰岛积雪的年际变化记录。这是降水的有效指标，也是气候的重要组成部分，同时我们会很快发现，它对理解其他气候指标也具有价值。

# 5
# 冰期中的冰期

/

历史是事件发生内容和时间的叙述。本章，我们会讨论气候历史学家如何来给冰芯和其他沉积物定年，在下一章，我们会继续来看如何解读所发生的故事。

许多技术已经用于给沉积物"定年"，如利用放射方面的变化或化学、物理或生物特性随时间变化的比率。大量的测年技术可以单独写成一本书，我们不会在这里深入探究。只需说许多不同的技术可以相互验证，也可以被历史记录、常识和每年的记录所验证，如果谨慎使用，这些年代测定技术会非常有效。

一些特别的沉积物会保留每年的冰层，最直接的年代测定技术就包括了计算这些冰层。我们现在已经计算了每年的冰层，高精度地知晓了长达10万年以上时间中事件发生的时间。对历史事件、冰芯、江湖沉积物、海洋沉积物、树轮记录之间进行比较，表明了这些确定的时间是可靠的，我们会在后面来讨论。

## 一二三四五六七……

当一棵老树被砍伐，谁会不数一数树桩上的年轮来确定树的年龄呢？在随季节变化的气候影响下，树是可靠的日历，用新的年轮来标记新的一年。幸运的是，不砍伐树木，这本日历也能被解读。用一种特殊的取芯装置可以安全地从一棵活树上取出铅笔那么宽的树芯，树芯里的年轮显示了这棵树活了多久。这棵树可能是在生长在一些有意思的东西上，比如史前的墓穴或者融化的冰川留下的碎片堆，在这种情况下，人们会知道，感兴趣的特征比树上的年轮数量还要古老。

有时，一棵树里的树芯会缺失一些年轮，原因是昆虫吃了木头，或者火烧毁了一些木头，或者发生了其他事。但是在对从周围其他树提取的树芯比较中会很快显示出问题所在，并且可以使我们精确无误地定年。

通过比较毗连的树的样本，人们会依赖于树的年轮厚薄模式。在好的年份，一棵树会生长迅速，并形成厚实的一层，但在差的年份只会增加薄薄的一层。差的年份可能是太寒冷、太干燥或者其他不利因素。附近的树一般也会一样贫瘠或茂盛。因此，树能够用来测定年代和重建过去的气候。

　　记录气候最好的树是那些由于某些原因受到摧残的树。比如，有的树生活在寒冷到几乎无法生存的地带。对于它们来说，"差"的年份就是寒冷的年份；"好"的年份就是温暖的年份，树木年轮宽度的历史就是气温的历史。类似地，如果一棵树生活在气温适合但缺乏水分的地方，树木年轮宽度则记录降水情况。

　　活树所能被采集的最长纪录来自美国西部山地的狐尾松，大约有5 000年长。但是，我们周围有更久远的木头——在考古地点附近，在沉积物堆里，或甚至在活树周围的表面。由于好与差的年份而形成的树木年轮厚薄的独特模式可以在活树及其附近死树重叠的部分里进行匹配，这使我们拥有了更长久的记录。目前出现的最长此类记录可以达到12 000年。

　　收集此类长期记录需要付出艰苦卓绝的努力。可信的解释需要从一些树中提取不同的树芯来确定每一段时期，以确定昆虫或火灾或其他意外没有产生误差。如有更深入的工作，发展出长于12 000年的记录也是可能的。没有重叠年轮历史的更古老的木材是可用的，但是建立连续性的记录并不容易。

　　树不是这个世界上的唯一日历——一些沉积物也能够每年形成。在寒冷的地带，水流在夏季把沙粒冲刷到湖里，但在冬季就冻结了，湖里沉淀的唯一沉积物是最细小的碎片，它们可能会花上几个月下沉。许多湖泊沉积物会被水波或地穴动物所搅动，因此毁坏了每年的记录，但有些湖泊没有被打扰。在寒冷地区的湖泊拥有不被干扰的沉积物，每年会被夏季的沙粒层和冬季更细的微粒层所标记。湖泊岩芯被数以万计的年度层一层又一层地覆盖。偶然会出现测年误差，但在长期来看是可以确定比较准确的时间的。

## 更寒冷的日历

我们恢复的最久远年代是来自格陵兰岛的冰芯。就像树的年轮和湖泊沉积物一样，人们能够在冰里看到冰层。

这些冰层是怎样形成的呢？在格陵兰岛的中部，全年频繁降雪。夏季太阳不落，冬季太阳不升。冬季的雪没有经历阳光的照射就被掩埋，而夏季的雪被强烈的阳光所"炙烤"。这种太阳的加热机制改变了雪，形成了可见的冰层。

6月正午的太阳还不足以融化格陵兰岛中部的积雪——这种情况大约几世纪才出现一次——但是夏季的太阳确实可以使表面1英寸以内的积雪比上面的空气或者表面1英尺以下的冬季积雪温度高5℃。

雪的升华也类似于将冰块托盘放在无霜冰箱里好几个星期。冰块消失了，它们形成了水蒸气，移动到空气里，在冷冻室里更冷的制冷装置上变成了霜。这种霜会偶尔会通过快速的融滴循环去除。在冰原上，大部分来自太阳加热雪所产生的水蒸气向上移入空气。当太阳在接近午夜落下时，雪的表面和之上的空气在向太空辐射热量的过程中变冷。雾气在冷却的表面上形成，霜又从雾气里产生。霜会在雪面上形成（见图5.1），在钻探塔的电线上、球网上和其他任何东西上形成。球网的霜不久会掉落下来，而雪表面上的霜会因更多的雪降落在上面时保存下来。

图5.1　格陵兰岛中部雪的表面

在晴朗的夜晚，太阳落到地平线附近，冰霜会生长，很像美国北部壮观的山坡后面出现的霜。我们的研究显示这样的冰霜仅在夏季形成，在相对温暖的白天，空气会保持足够的水汽，以致"夜晚时分"的冷却会令雪变厚。在冰芯中对这些冰霜层的识别使我们可以用来定年。

夏日里，白天的温暖和夜晚的寒冷将1英寸被风吹得密密麻麻的微粒雪变成了2英寸粗颗粒、低密度的雪，这被称为冰霜（hoarfrost）

或白霜（hoar），因为从普通雪到白霜的转变是由太阳驱动的，太阳只在夏季照耀，所以我们有充分的理由相信夏天和冬天的雪是完全不同的。

## 拥挤的日历

下一步是去看雪的夏季特征在被掩埋起来时是怎样改变的。我们先用雪坑，然后是用冰芯对雪转化为冰的所有不同阶段进行取样，当冰层被拉伸和变薄时，这些冰层挤在一起，但为我们留下一个可供阅读的记录。

雪坑是最容易观察雪层的途径。拿一个方头铲（如果要挖更深的坑，可以用木工锯或特殊的大齿雪锯），在地上挖出一个洞。许多工作人员喜欢挖6英尺的深坑，因为要把雪从更深的坑里扔出去是很困难的，尽管工作人员曾经挖出过20多英尺深的坑。

为了能够真正看到雪层，我们挖了两个深坑，每个都是6英尺的立方体，中间隔着一堵只有一英尺左右厚的墙。同时，两个这样的深坑需要移动大约6吨的雪，所以挖掘时要非常小心，避免在薄薄的墙壁上踢出洞，从而毁掉实验或返工。在其中一个洞上面放了胶合板的顶棚，通过这扇"门"爬进雪坑，在入口处盖上木板（见图5.2）。阳光照进另一个雪坑，通过这层墙，非常容易看清楚清晰瑰丽的冰层。

图5.2  为研究冰层挖的雪坑

为了研究雪层，我们用了6英尺方形的雪坑，只用一面薄墙分隔，在一个上面放了胶合板的顶棚，正如图片所显示的，通过这扇"门"爬进雪坑，在入口处盖上木板。阳光照进另一个雪坑，通过这层墙，非常容易看清楚雪层。

我和十几个人站在这样的雪坑里，他们有钻探工人、记者和其他人——直到今天，每一个访问者都是印象深刻。雪是蓝色的，有点像深海潜水者所看到的蓝色，一种不可描述、几乎惊人的绚丽蓝色。不管是以液态还是固态存在的水吸收了红光，因此呈现一点蓝色。让光穿透海洋下的10英尺，红色会被过滤掉，所以只有蓝色会进入你的眼睛。在雪里，光线会穿过微小的冰晶，发生偏折，穿过另一个冰晶，反射之后迂回进入观察者的眼中，眼睛看到的直线距离要远很多。这样就失去了红色，结果是美丽的蓝光。

欣赏完这片蓝色之后，大部分人会注意到的另一件事是分层。当光线穿过雪洞，呈现出来的是受到太阳的热量影响而形成的低密度、粗颗粒的白霜层。风暴卷集的高密度、细颗粒的雪显得灰暗些。甚至在颗粒尺寸或密度上的细微差别也会引起雪反射光的微妙不同，因此反映在外观也是如此。曾经的风暴擦平了冰霜层的顶部，暗色的雪挡住了一点点光。当雪堆（snowdrift）在地表上形成时，在暗层中可以看见微弱的倾斜床，如图5.3所示。有一年夏末，营地里的队员在开展包括使用雪地车的非官方娱乐活动时，有点粗心，进入了指定的"清新空气区域——只限雪橇和步行"。而当下一年夏天，我们碰巧挖到了未被许可的雪地车经过的轨迹，白霜层明显受到了现代"恐龙足迹"的轻微挤压。

在格陵兰岛中部的雪坑里，先是数次降雪后留下的几英寸夏季雪，之后是一到两英尺几乎同质的冬季雪，每次夏季降雪的顶部都有着粗糙疏松的白霜层。在其他地方，一个六英尺高雪坑的墙上可以显示出少于一年或多于十年的积雪，这取决于这里每年降雪的多少。

图5.3 这里是前一张图片的雪坑的墙

较亮的雪层是夏季的冰霜，较深的雪层是风刮起的雪。雪坑是在1992年夏初挖的，大约6英尺深。两英尺下的亮色雪层表示1991年的夏天，大约4英尺下的亮色雪层则标明是1990年的夏天。

我们有一些方法可以测试这些结果的可靠性。高科技的方法将在之后描述，但这里还有一些简单的方法。比如，插入雪里的竹竿会在第二年被埋掉一部分。丈量竹竿第一年露在外面的长度和第二年露在外面的长度，两者相减，你就可以知道这一年的降雪量是多少。新雪的厚度等于雪坑里两个白霜层的间距。我们也能知道夏季的标示物，比如前一年雪地车的轨迹。第一年整个冬季GISP2站雪地车来去的痕迹，只有等到我们开挖雪坑几年之后才会显现出来，所以我们看到的雪地车的轨迹只有形成于夏季。

由夏季阳光产生的夏季雪的特别外观在雪坑里被保留、掩埋，而很容易认出。不过，在冰芯里这些不同容易识别吗？格陵兰岛中部新降雪形成的两到三英尺厚的雪层，变成冰之后会被压缩到一英尺或更少一些。冰晶在其中生长，互相连通的空气会受挤压形成独立的小泡泡，也会发生其他变化。尽管如此，令人惊讶的是每年的雪层依然可见。

观察冰芯最容易的方式是把它放置在桌灯之上——桌面是一层玻璃或透明塑料，之下有一盏荧光灯的光源，如图5.4所示。我们有时会加上光纤显示器——高技术闪光灯——来凸显那些在荧光灯下无法看清的区域。

当用这种方式检查的时候，非常浅的冰芯看上去就像雪坑里的雪，但没有动人心魄的蓝色，因为5英寸直径的冰芯的厚度不足以过滤许多的红光。夏季雪是由许多重量轻、颗粒粗的雪层所标示，冬季雪几乎是同质的，看上去更暗。如果进入更深的雪层，雪会被压缩成粒雪（firn，德语里意思是陈雪）。覆盖在上面的雪产生的重量挤压了冰粒，但空气仍然可以在冰粒之间移动。最后，大约200年之后当这些雪埋到了200英尺以下时，粒雪会被压得足够紧密以隔开和俘获残留的空气而变成气泡，我们也可以说粒雪已经变成了冰。

雪变成粒雪，然后在冰芯底部成了冰。同样，夏季和冬季的层次也是泾渭分明的。粗颗粒、低密度的夏季雪层制造了大气泡的冰层。就像为树轮计数一样，我们能够记录历史上的夏季。

关于格陵兰岛中部大约2 000英尺之下的冰层的情况，有一点不同。这块2 000年之前的冰的重量大约每平方英寸半吨，气泡中的空气被压缩得太厉害，以致它对所受压力产生了反作用力。当把冰芯带到地面上时，空气会扩展并破坏冰芯，于是冰芯就会膨胀、爆裂和折断。（过去许多极地工作人员会从冰山或其他地方得到一些这样的冰，把它们放入含酒精的饮料，冰里的气泡外壁会迅速溶解，内部气体就"喷薄"而出。喝这种吱吱作响的天然饮料真是享受。）对于这些易碎的冰，我们除了把它们放在一边减压，别无他法。在一年左右的时间里，气泡会扩展，压力也会下降。这段时间冰往往会断裂成更小的碎块。然后，我们会进行拼图游戏般的装配，把冰芯再次接合在一起。令人惊叹的是，当把这些完成接合的冰放到桌灯之上，光线穿过了裂缝，夏季的层次依旧赫然在目。

**图5.4　库特·库菲在GISP2的深雪实验室的桌灯上检查冰芯**

库特·库菲（Kurt Cuffey），当时是宾夕法尼亚大学的教授，现在是加利福尼亚大学伯克利分校的教授，在GISP2的深雪实验室的桌灯上检查冰芯。库菲和许多其他人的细致检查揭示了每年的层次，便于准确地为冰芯定年。

　　就在格陵兰岛中部小于1英里深的地方，有8 000年前古老的冰层，压力变得如此巨大以致气泡中的空气溶解到了冰里。在气泡附近的冰里，由于水分子排列形成的六角形"雪花"变成了更大的正方形结构，空气分子渗入了正方形中心的空间里。气泡消失了，取而代之的是冰–空气混合物形成的气泡大小的碎片，被称为气–水合物或者笼形化合物（clathrate）。由于空气在笼形化合物中比起气泡中占据了更小的空间，因此笼形化合物外观和行为上与冰相似。当笼形化合物取代了气泡，冰芯就变得和有机玻璃管一样清澈和便于处理。但是把冰留在地面好几个月，笼形化合物会崩解，气泡会开始重现。

实际上对于格陵兰岛英里级深度的冰层，观察者计算其每年的层数共有两种选择。显而易见的一个选择是等待气泡重新出现，然后发现有着大气泡的夏季冰层。细心检查刚钻探取出的冰芯，却显示了另一些情况。在强烈的光纤灯的聚焦光束中，可以看到暗淡、灰色、幽灵般的层次。这些是冬末的多沙尘层，富含从亚洲和其他区域的田野和沙漠里吹到冰原上的土壤颗粒。深度加大，冰里的沙尘就更加多，这些层次就更加容易看到。在来自寒冷、干燥、多风的冰期的冰里，这些层次如此明显，以致它们可以不用借助任何特别的光照设备就能很容易看清。当气泡恢复时，虽然灰色层次依旧存在，但变得更难辨识。

## 勇往直前

为2英里长的冰芯定年是一个复杂的任务。简单观察一下2英里的冰，每次几英尺，也要花好几个月的时间，并且非常单调乏味。对于GISP2的冰芯，整个测年的工作，涉及超过12个人的团队，许多技术的支持，好几年的时间与众多友好的探讨。我们一开始就使用了四种不同定年的方法：可见的层次，火山沉降物的鉴定，导电率和冰-同位素比例（我们会很快讨论温度计的问题）。

夏季和冬季的雪在外观上有许多的不同。沙的成分、化学成分和同位素比例都会随着季节而变化。例如，在冬季，大洋漂浮的海水会形成薄薄的一层冰，所以没有很多的海盐会吹到冰原上。在冬末至春季，当大洋表面开始融化时，强烈的风暴会给冰原带来大量的海盐。

在空气里的过氧化氢是由阳光驱动的化学反应产生的，而且很快会落在冰原之上，所以过氧化物出现于夏季的雪中，而不会出现在没有阳光的冬季的雪里。冰-同位素温度计表示冬季和夏季的温度存在明显的差别。

为了探索每年的波动，我们会测量冰的化学性。一个"容易"的办法是通过冰的导电率。大部分的冰雪是天然的弱酸性（"酸雨"和"酸雪"包含了人为引起的自然酸性增加）。空气中含有很多华常物质，包括二氧化碳和二氧化硫。二氧化碳在雨或雪里溶解，产生了一种名叫碳酸的弱酸，这种酸主要负责溶解一些岩石，形成洞穴。空气中也包含着硫酸，由火山爆发和其他过程（当前来自人类的影响）来产生。这种硫酸会和空气中的水反应，产生硫酸小液滴，它们会与雪花或雨滴碰撞，甚至可能会成为雪花或雨滴增加的焦点。

随着空气中化学物质的改变，从夏季到冬季，降雪的酸度也会改变，所以由积雪形成的冰从夏季到冬季也会有不同的酸性水平。如果你试图在冰里通电，电流不会非常容易流动，但这些冰里包含的酸越多，电流就会越容易流动，这和电池中的酸比起一般的水会更加容易携带电流是一样的道理。因此，通过测量电流通过冰的难易程度，我们能够测量季节变化所引起的酸性变化。

来自内华达州雷诺沙漠研究所的肯德里克·泰勒（Kendrick Taylor）用一个原理非常简单，但需要精心设计的仪器为GISP2进行了测量。他把两个电极放置在冰层的上表面，在它们之间施以高压，让它们在冰层的范围内移动，当电极移动时，每英寸测量电流25次。你会考虑使用9伏特的电池，这种块状的小电池在家庭烟雾报警器里常常会被用到。每节电池在顶部有两个电极。将电池接到测试器，电流强度通过测试器从一个电极流到另一个电极，表示电池是否"运行正常"。一个现在不太会推荐的更古老的测试电池的方法是把它倒过来放置，然后将电极放到你的舌头上，如果电池运行正常，这会瞬间产生不适并感觉到电流。用冰芯来取代舌头，然后加大电压，你大概会了解肯德里克的仪器。他能在一分钟左右的时间里测量6英尺长的冰芯，在电脑屏幕上用蜿蜒的绿线来显示分层的记录。

肯德里克电导率方法（ECM），检测了化学成分的年波动情况。它也发现了高电导率的冰层，它们因几次重要的火山爆发而充满酸，也发现了由于风沙或森林火灾烟雾中和了酸后所出现的电导率不良的冰层。一个有经验的工作者能从偶发的森林火灾或火山信号里读出每年的数据摆动，因此能够用来计算年份。

滚动在处理线上的每块冰芯会在肯德里克ECM工作站停留几分钟，然后他把它变成一条漂亮的绿线和一块计算机内存，如图5.5所示。有一段时间，肯德里克打开音频扬声器，让计算机用高音标记高电导率冰层，低音则对应低电导率冰层，于是我们能够聆听历史的音乐。每个夜晚，肯德里克和他的助理会打印这些计算机文件，然后研究它们。

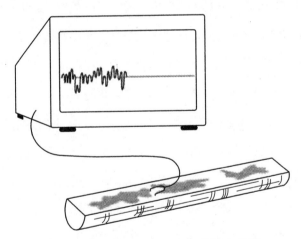

图5.5　用于测量冰芯的电导率的仪器示意图

用带锯机沿着冰芯的长度切开，顶部片段被去除，以供其他分析。然后，沿着剩下部分的切口长度移动电极线，测量、记录两个电极之间的电流，然后显示在一台计算机上。

## 看得更加清晰

冰芯然后被滚到桌灯上。在那里，我（和之后几年的托尼·高、戴布·米斯等人）记下了绑在档案夹里三英尺长图纸带的每个细节，做出每个冰芯的全尺寸地图。每次一个夏季的冰层出现，我就把它记在那个本子上，也会在一个独立的表上做一个记录。因此，我们跟踪了历史的流逝：我出生那年的降雪，林肯发表葛底斯堡演讲那年的降雪，诸如此类。

我们的第一个目标是1783年，也就是冰岛拉奇（Laki）火山大裂缝喷发那一年。从1783年6月到1784年2月，冰岛的裂缝喷出了以立方公里计的岩浆流和火山灰。熔岩泉在几百英尺的空中做弧形运动，火山灰的薄层覆盖了冰岛，在往东1 000英里处依然可见。冰岛的农作物歉收引起大面积的饥荒。据报道，异常的"干"雾横跨欧洲，它比一般的雾含水量更少，并进入非洲、亚洲和北美洲。这种雾包含大量的二氧化硫，这是来自冰岛火山的一种常见气体，从这些雾中降落的雪则吸收了硫酸。

早期的冰芯研究显示了拉奇火山在格陵兰岛抛下了几个世纪以来最多的硫酸，它使电和化学研究记录上激增，远高于周围的峰值。拉奇的峰值是一个时间标记点，可以让所有的格陵兰岛冰芯相互关联，让年代测量得到核验。这个日期常常被定为1783年，尽管有人对"空气中的酸是否直到1784年还保留"持反对意见，但是可能让年代测定误差精确到一年以内。

当ECM电极擦过236.1英尺深的冰芯，电流正在升高，在回落之前，它升得比之前的峰值都要高。后来，新罕布什尔大学的火山学家格里格·泽林斯基（Greg Zielinski）的工作显示了在冰芯里的一小片玻璃碎片有着与来自拉奇火山的碎片相同的化学成分。对冰的化学研究将证实这些电极测量的是硫酸成分所产生的峰值效应。但我们已经知道这就是拉奇火山的缘故。仅基于我对冰芯持续观察的记录里，1788年就吸引了我们的注意力，这是一个超过200年里会出现的4或5年误差。那个晚上，我仔细研究了这些冰芯的图表，在冰芯处理过程的杂乱喧嚣中发现了那个错误，才发现我本来已经将3个夏季画成了图表，但忘记写到我的记录表里，于是之后的误差就降低到200年里的1或2年。

还有好几个月的工作要做。成千上万的样本正在被切割，然后被分析出冰－同位素成分来展现季节的变化。以前的研究者已经证明这些同位素比例特别有利于格陵兰岛冰芯的年代测定。一旦这些同位素数据可用，我们就比较基于ECM、同位素和外观形态的记录。我们也将这些与火山的时间标记物进行比较，包括冰岛其他火山——海克拉火山、卡特拉火山和埃尔加火山喷发物的沉降，还有维苏威火山在79年的喷发，圣海伦斯火山在1479年的喷发等。其他数据集加入进来后，负责年代测定的委员会成员仔细研究了所有的记录。偶尔出现的分歧需要对时间尺度进行调整或微调。但是站在这个壕沟里去观察ECM滚动出拉奇火山的峰值，我们知道我们已经加入了那些能够去准确标定古气候记录的选择级别。

## 看得更远

只要时间不长于2000年，这些事件就会可靠地用文献记录来定年，也会在冰芯里留下清晰的记号。接下来我们必须寻找其他技术来证明我们定年方法的有效性。

一个是进行"内部"的比较。这包括让几个人用不同的季节指示器分几次来计算层次，在不"作弊"发现其他人的测量结果的情况下，检查一下它们一致的程度。无论是在我们的团体内部，还是在我们团体和GRIP合作项目之间，都显示出在最近暖期的百万年里，一百年中大约只有一年的误差，而在更加古老和深层的冰里，这个误差会缓慢地增长。

更深、更古老的冰里，这些计算误差可能会增长，是基于以下几个原因：第一，正如前面所描述的，冰的流动随着深度的增加而变得越来越薄，增加了我们无法识别冰层的可能性。更深的冰流也会"搅乱"某些冰层，使它们弯曲变成Z字形的褶层（见图5.6），并且引起其他冰层扩展和变薄到无法持续的地步，从而变得扑朔迷离、不可解释。

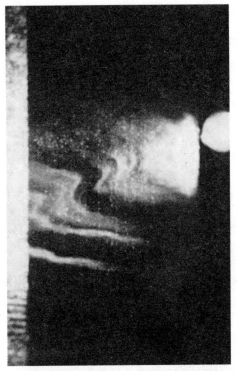

图5.6 GISP2在大约1.5英里深处的冰芯

在大约1.5英里深处的冰芯部分所示，在冰原里的冰流会扰动各个冰层。亮色的带是富含灰尘的冰层，暗色的带是包含更少灰尘的冰层。这张图大约有5英寸高。接近冰原表面的冰层由于风吹雪的原因崎岖不平，但这些冰层的扩展和变薄减少了这些崎岖，所以冰原顶部贯穿几英里的这些冰层几乎是扁平和水平的。然后，小的皱褶开始从冰流中产生，之后就如图所示发生了折叠。往更深处走，一些皱褶会变得更大，最后扰乱了过去气候的连续性记录。幸运的是，扰动提供了许多细节，可以让我们简单识别，所以我们的解释并不会被削弱。图上的大白点是一个灯。

第二，在过去的冷期里，每年降雪量比较少，但风比最近多，因此可能全年的积雪都被刮走了。今天在南极寒冷的中心地带，雪堆积得特别缓慢，每年的雪层不能保证可以留下来。尽管有着不畏艰难的努力，但是冰芯的质量并不总是完美的，因此在某些地方，测量就很难进行。即使这样，我们尝试的各种计算冰层厚度的方法在最近5万年里每一百年有几年的误差，但大体是一致，而且我们也能很好地计算10万年以上的冰层厚度，虽然误差在增长，可能在最古老的冰里会达到每百年有10年的误差。

但是，一致性并不能证明准确性，我们所有人可能都会被一种方式愚弄。为了检验这种可能性，我们需要寻求其他的帮助。正如我们会在后面的几个章节里看到的：格陵兰岛的冰已经在许多方面收集到了气候的信息：格陵兰岛的温度和降雪率，从海洋带来海盐的风有多强，从亚洲中部的沙漠带来沙尘的风有多强，产生沼气（甲烷）的亚热带地区的湿度有多大等。这些冰芯表明在特定的时期，所有这些气候指标几乎同时发生了大而快速的变化。在11 500年之前出现过这样一个突变期，格陵兰岛冰芯记录下了突然的暖化、降雪和甲烷的增加、风吹来物质的下降，这也导致地球从新仙女木事件进入了现代的气候。格陵兰岛之外许多区域同时发生的变暖、变湿和风速变小，可以解释我们在冰里观察到的变化。

这些变化也已经在其他地区的沉积岩中得到证实。变暖导致冰川消融，暴露了它们底下的岩石，从而使树木开始生长或使曾经冰川化的区域形成湖泊。冰川区域之外的地方，当气温上升时，降落到湖泊沉积物里的花粉和种子会从冷气候物种变成暖气候物种。降雨增加致使干旱的地带形成湖泊，并且开始有沉积物。使用冰层和其他年代测量技术，这些改变被确定为与冰芯中记录的变暖同时发生，不过有一百或两百年的年代测量误差。因为我们对这种气候变化产生的冰层的计算与许多其他独立地对这个时期进行的估计是一致的，我们对我们的结果有更大的信心。在其他气候变化的时期以及 11 500 年前的变化中也发现了这种一致性，这增加了我们的信心。

简单地说，我们能知道什么时候发生了变化，这些变化在冰芯里留下了信息。而且我们也能知道这些变化是发生在百年间、几十年间还是几年间。

# 6

# 以前有多冷呢

/

对气候的讨论大多是关于温度的。与寒冷的冬季相比，人们在炎热的夏季生活方式不同，在炎热的热带地区与在寒冷的极地地区的生活方式也不同。我们的祖先肯定注意到了冰期的寒冷，我们花费了许多努力去讨论我们是否会被人类造成的温室效应所影响。

为了研究过去的气候和预测未来的气候，我们希望能知晓许多地方不同时间的温度。温度变化的模式有助于揭示气候转换的原因。例如，大部分地区或者全球的变暖可能源于温室气体增多，但是如果有一个更为强大的大气或海洋环流将热量有效地从热带移动到极地，热带地区的变冷就可能伴随着极地地区的变暖。被俘获在冰芯里的尘埃和沼气甲烷会告诉我们关于冰原以外的风和湿地的信息，不过冰芯本身只能记录冰原的温度。

　　幸运的是，有很多方法可以估计冰原及以外地区的历史温度。这里，我们先简单浏览用在其他方面的技术，然后将特别聚焦于使用稳定同位素和冰的钻孔温度来了解过去冰原的温度。

　　在重新构建最近的过去气候时，书面记录是有用的。荷兰的运河用于运输，官方记录了它们的结冰和融化。汉斯·布林克的后代不能在这些运河上像他那样溜冰，因为现在运河不能像过去那样封冻。例如，日记和信件这类的历史记录，总体表现了汉斯·布林克溜冰的时间里，也就是在小冰期（100~500年前）期间里，冰岛和附近之地的寒冷冬季和广泛传播的海冰（即冻结的海水）。

　　在还没有书面记录之前，我们必须转向其他的指标。湖泊和沼泽的沉积物包含了花粉、树枝、树叶和其他生活在水里和附近的生物体残余物。因为有的植物喜冷，有的喜热，有的喜湿，有的喜干，不同类型的花粉、树枝和种子可以被用来估计过去的气候。我们必须小心区分温度和湿度变化的影响，也要小心地认识到一种生物可能会因为某种其他类型生物的排挤而消失（比如说，因为人类带着火和犁到达了这里）。

　　一些优秀的入门教科书描述了许多别的古温度测定的方法。例如，海洋里生物的种类会因气温变化而变化，它们在沉积物中生活并最终留下外壳。同时，海洋中的一些植物在暖期用坚硬的分子建立了它们的细胞壁，因为这时热量往往会软化细胞壁，但这些植物会在冷期利用"松软的"分子，因为这时寒冷会使坚硬的细胞壁变得易碎。这些分子在消耗和代谢中存留下来，最后留在沉积物里。因此，这些特别分子的坚硬和松软的比率是一个古温度计。

有意思的是，最好的古温度计可能就在这些冰原中。不过，为了读出这些记录，我们需要先岔开这个话题，简单聊一下稳定同位素的精彩世界。

## 重水

我们周围几乎所有的东西都由原子组成，每个原子包含了一个重而致密的原子核和绕核运动的带负电的电子，原子核是由带正电的质子和中性的中子组成。电子和质子的数量相等，所以一个原子不带电。电子的获取或分享造成了原子会结合或分开，这就是化学研究的范畴。

就以化学而论，一种类型或元素的所有原子几乎一样。原子核里的质子数决定原子类型：1是氢气，8是氧气，以此类推。改变质子的数量就可以产生有不同化学性质的新元素。

原子核内的中子防止带正电的质子相互排斥，使之脱离原子。太少或太多的中子将创造一个不稳定和放射性的原子核，最终以某种方式分裂，但中子的确切数量往往并不重要——一个元素的某些原子可能会比其他同一个元素多一个或两个中子。有着不同中子数的元素的原子被称为同位素，来自希腊语"同一地点"的意思，因为它们都属于化学元素周期表的同一个位置。例如，氧气有8个质子，以及8个、9个或者10个中子，因为氧-16、氧-17和氧-18的原子核里分别有着总共16、17或18个重粒子。氢有一个质子，有无中子的氢-1和一个中子的氢-2。由于历史的原因，氢-2也被称为氘（deuterium），deuter有2个的意思。这里甚至还有氢-3，或氚（tritium），但同位素是不稳定的，在几年或几十年的时间里进行着放射性衰变。

因为两个氢原子（质量1或2）和一个氧原子（质量16、17或18）化合成水，所以我们可以得到任何地方的水的原子重量在18到22。因为99.8%的水中的氧原子是氧-16，而99.9%的水中的氢原子是氢-1，所以大部分水分子的重量是18，"重水"是稀少的，但所有自然水样本中包括一点点重水。

水分子的物理性质会轻微地受其重量影响。水分子越重，其移动得越慢，而且越难从液态水中被蒸发到空气中。而且，水分子越重，该分子越有可能从水蒸气中凝结成水滴或者雪花。因此，水汽在同位素上比与之处于平衡状态的水或冰要"更轻"。

同位素组成是用质谱仪来测量的。例如，对于氧气来说，水或其他包含氧元素的物质的样品会以某种化学方式转化成二氧化碳，因为二氧化碳更容易测定。然后，通过用更多的电子轰击二氧化碳分子，从每个二氧化碳分子中敲出一个电子，使每个二氧化碳分子带一个电荷。带电的二氧化碳离子在电场的作用下被推入电子管，与电视中的彩色显像管在屏幕上投放粒子的方式大致相同。在此过程中，带电的二氧化碳会通过一块磁铁，磁铁会吸引那个带电粒子，因此飞行的路径会发生偏离。更重的二氧化碳更难转向，因此含有重氧的二氧化碳离子在离开磁铁时与只含有轻氧的离子的方向有些许不同。之后，这些离子被"杯子"收集起来，由到达的离子提供的电流会被测量，有点类似于电视屏幕上的一个点的亮度告诉我们有多少离子轰击在屏幕上。这些杯子被放置来收集重的和轻的二氧化碳离子，而且重与轻的比例也会被计算出来。

将同位素比率的测定与已知化合物的同位素的标准测定进行比较是长期经验所证明的最容易获得并说明优质数据的方式。对你来说，说出电视上哪个点最亮是很容易的，但困难的是，描述这个点有多亮。一个标准会提供给你比较的参考点。氧和氢的标准是人为对海洋中海水的估计，被称为平均海水标准，我们可以来比较水的样品是比这个标准"更重"还是"更轻"。

## 轻霜

稳定同位素被用来跟踪极其多的物理过程，我们会在整本书里讨论其中的一些。可能稳定同位素最广为人知的用途就是古温测定。

地球的气候系统是将热量和湿气从充满阳光的热带传送到寒冷的极地的一条路径。从热带转移到极地的气团包含湿度。这些气团在途中通过辐射热量到宇宙空间或者通过加热下面的陆地或水体而达到冷却。一般来说，大气冷却的过程会导致云的形成以及雨雪天气，也降低了空气中的水蒸气。

从同位素的角度考虑，气团里的水蒸气一开始比海洋里的水轻一些的，因为同位素含量相对较轻的水（轻氢分子水，又称超轻水、低氘水）更容易蒸发。然而，两者在蒸发难易度上差别不大，所以水蒸气中也包含一些重水。当第一个雨滴从第一片云里掉落下来时，雨滴中水的平均同位素重量比留在气团中的水的更大，因为重些的水更容易凝结。实际上，第一次凝结简单地反转了第一次蒸发，所以第一滴雨有着与来自海洋的水同样的同位素成分。

正如雨和后来的雪都是从气团中跑出来的，降水总是比它们留下来的水蒸气要有更重的同位素。因此，剩下的水蒸气变得越来越轻，同时也变得越来越冷，降水也变得越来越轻，因为空气中由于降水散失了重同位素。

在已知温度的情况下，伟大的同位素地质化学家威利·丹斯嘉德分析了在世界各地许多站点每年降水的平均同位素成分。1964年，他出版了这些结果，如果提供给他你所生活的地方的降水平均同位素组成，他能非常准确地告诉你所生活地方的平均温度。如果他画出了降水的同位素组成与温度的关系图，这些点会非常接近一条直线。

这就清晰打开了古温测定的可能性。如果能测量过去某个时候的水的同位素组成，我们就可以用一根温度计来推测降水的时间。我们能够在冰原的冰、井中的水或吸收到树干里用于生长发育的水里发现以前的水。贝壳类动物从水中获得氧，然后储存在它们的外壳中，所以古老的生物外壳记录了过去水的组成。这是一个很有用的技术，可以常规地用来获得过去温度的信息。

不论现在还是过去，任何温度测定都包括某种不确定性。如果你有一根温度计挂在窗户外面，你知道你所读到的温度不一定是准确的。表盘可能会轻微地旋转，或者很难去读数，当把温度计放在阳光之下，它可能会记录过高等。所有数据都有这样的校准误差、测量误差和偏差。无论在怎样的条件下测量，技术报告一般都会包括不确定的陈述。

同样，古温度测定学家寻找过去温度的"最佳"估计，并对不确定性进行估计。使用同位素温度计有许多不确定性的来源。测量误差是非常小的，但不是没有。更重要的是，降水的同位素组成可能会被很多因素影响，不只是温度。例如，夏季冰原上的雪比起冬季的雪，从同位素的角度更重，因为夏季的雪比冬季更暖些。即使气温没有改变，大部分夏季降雪转换到冬季降雪看上去仍是一次变冷的事件。大部分的观测和不同的模型表示气温仍然是同位素度量最重要的控制因素，但许多元素，包括降水的季节性，也能影响同位素的比率。我们因此必须至少认识到这种可能性，即温度和同位素之间的比率关系——这种温度度量的校准方法——是随着时间变化而变化的。

## 在冰期炙烤

幸运的是，在冰原和其他地方，我们有其他的温度度量工具。这是比同位素更可靠的温度计，因为它不会被无关的因素影响。但它是一个"模糊的"温度计——如果温度变化持续时间不长，它会"忘记"过去的温度变化。而同位素比率对短期变化有着更好的记忆。通过结合这两种温度计，我们可以更好地测定过去的温度。

设想一下你祖母打电话来说她很饿，会在一小时内过来吃晚饭。你冲到冰箱前，拿出你一直留着的烤肉，把它扔进烤炉。半小时之后，烤肉的外表面发出嗞嗞声和爆裂声，但里面仍然是冷的。这时，祖母又打电话说她忘记了她已经和楼下一位绅士约好要慢跑，就不过来吃饭了。所以，你抓起烤肉，把它又放回冰箱，跑去监督祖母慢跑。

假设你的伴侣或者其他重要的亲人在十分钟后回到家，刚好知道在这块烤肉上钻洞并顺着洞口测量不同深度的温度。烤肉的中心从放到冰箱开始一直可能是冷的，中心附近的区域在拿出烤炉时可能是热的，但烤肉会从回到冰箱里开始发生表面冷却。随着时间的推移，烤肉会慢慢地再次完全冻结。直到这时，你的伴侣很好地勾画出烤肉表面温度的变化历程（冰箱–烤箱–冰箱），如图 6.1 所示。你的伴侣需要知道一些冰箱和烤肉的情况（例如，冰箱不对烤肉发射微波，而烤肉也不具有高度放射性），于是剩下的事就非常简单。

如果你祖母在20分钟里叫了你30次，让你将烤肉从烤箱放入冰箱或者反过来，每次反复做同样的事，你会变成一个备受挫折的人，而且你的伴侣无法发现整个故事的来龙去脉。因为热量传播或者散布得非常快，这些迅速变化的记录很快就聚集在一起，你的同伴只能说出你的烤肉进出过烤箱，但不能告诉你这个行动的频率和确切时间。

现在，假设你来到了格陵兰岛的冰原，在它里面挖了一个2英里的深洞。若干年之后，由于你的钻探行为，深洞会散发少量热量，然后将温度计放进洞里，测量不同深度的温度。当你走下这个深洞时，你期待温度会升高，因为地球内部会流出热量，就像矿井和油井的深处是热的。事实上，深入地底2英里，冰会比表面更热，虽然仅仅是冰点之下的区区几度。但是1英里之下，冰实际上是比表面更冷的。1英里之下的冷区是放进了最近大冰期的"冰箱"里。这些寒冷的冰已经在从最冷的时期以来的2万年里慢慢变暖，但仍然没有达到现代的温暖程度。

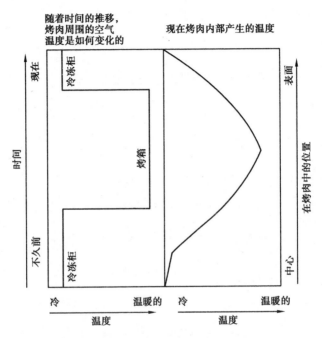

图6.1 烤肉在烤箱里的成熟过程示意图

左边显示的是烤肉表面温度的变化过程，烤肉是从冰箱被放到烤箱，然后又放到冰箱。如果这时测量烤肉的温度，烤肉中心将一直不会被加热，而烤肉的外面已经被冷却了，但中心和表面的区域仍然会保持一段时间的温热，正如示意图右边所示。

在冰原里往下，温度在较暖-较冷-较暖中摇摆不定，记录了之前冬季的寒冷、20世纪的温暖、小冰期的寒冷、几千年前的温暖，最近大冰期的寒冷和那次冰期之前的温暖。时间越老，信息被"抹杀"得越多，一个事件要被认出，就需要更大、更长的时间，但是信息一直在那儿（见图6.2）。

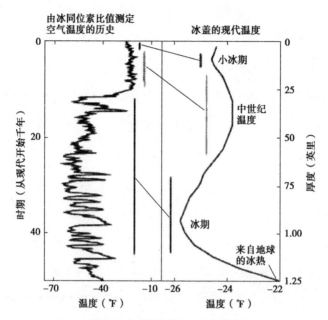

**图6.2 格陵兰岛中部温度的历史和现代钻孔的温度**

这个情况类似于图6.1的烤肉。左边是从冰芯的同位素推断出的地表温度的5万年历史，最上面是目前的温度。右边是从取出冰芯的钻孔中测量的如今的温度，从冰原中间（图的底部）到表面（顶部）。在中间浅颜色的线显示了小冰期之前的温暖期（包括中世纪暖期和更早的暖期，这里也标志为"全新世中期的温暖"）和冰期是如何记录在冰-同位素和钻孔的温度中的。钻孔底部的温暖包括了冰期之前的温暖和地球深处的热量流上来的温暖。

温度分布也依赖于冰的运动。当冰解体时，内部摩擦力会产生一点热量。移动的冰往往会带上它的温度，就像烤肉会把它的湿度从冰箱带到烤箱一样。这些过程很好理解，对它们的修正也是很直接的。

如果冰原的尺寸和形状在过去有过很大的改变，对它的计算就会非常艰难，但我们会有很好的理由去相信格陵兰岛的冰在过去10万年里没有很大的改变，正如我们在第4章所讨论过的。

"解读"温度曲线有很多方式。所有都会创造困难，而且并不唯一；这些改变的大小和时间不能很准确地获得，而且古老而短暂的变化也遗失了。

不过幸运的是，我们现在有两个古温测定仪器——冰-同位素和钻孔的温度。在这两个记录中的一般信号是格陵兰岛中部的温度历史。冰川学家库特·库菲是这种技术的开拓者，他一开始在我的实验室里工作，然后是在华盛顿大学，现在到了伯克利。一个独立的欧洲团队得到了几乎一样的结果。库特认为，他了解冰中热量的流动，而且同位素的比率实际上就是与温度记录匹配的。之后他做了一个老道的猜测，即同位素比率与温度相关，期间不断修正猜想。

用了这样一个老道的猜测，冰芯里同位素成分的记录变成了冰原表面温度的历史。正如当你的伙伴在检查烤肉时，烤肉表面温度的冰箱-烤箱-冰箱的过程产生了它的冷-热-冷的温度，表面温度的任何历史预测了你现在会在冰原里的不同深度里观察到的温度。这个老道的猜测被用来计算它今天在冰原里预测的温度，而且这些实际上会与钻孔里测量的温度进行比较。这个老道的猜测然后会在冰-同位素尽可能好地预测钻孔的温度之前得到调整。应用基于计算机的方法来完成这种调整，也被称为逆向技术，而且可以迅速得到最好的答案。

成千上万倍测量的冰-同位素值被用于预测成千上万测量的钻孔温度，只有三个数字会被调整——同位素的改变多少出现了温度的一度改变，某个温度下的降水会匹配海水的同位素成分，有多少来自地球内部深处的热量提供给冰的底部。如果同位素比率能够准确预测钻孔温度，那么同位素比率就能记录它们降落时不受其他情况影响的表面温度——即使有三个"按钮"被摁下，它们也能产生成千上万的数字来匹配成千上万偶然出现的数字。如果同位素比率没有能预测钻孔的廓线，那么同位素对于过去的表面温度就不是优良的温度度量工具，冰原在过去的尺寸或形状有了巨大的改变，这个模型就会有错，而测量就有误差，或者其他因素——我们真的无法确切知晓这些。

幸运的是，在美国和欧洲的数据里，同位素几乎完美地预测了钻孔的温度曲线。令人惊奇的是，校准结果与 1964 年丹斯嘉德（Dansgaard）得到的结果非常不同，格陵兰岛的温度已经改变过两次，跟利用测量过的冰-同位素转换关系与温度和同位素比率的现代关系进行计算的结果吻合。库特表明了冰期最冷的部分大约比现在格陵兰岛中部的表面温度要低 40℉，仅存在 2℉ 左右的不确定性。这是一个巨大的变化，远远大于现代美国寒冷的芝加哥和炙热的迈阿密之间 25℉ 的温度差。我们相信冰期结束的校准不同于丹斯嘉德的现代结果，因为过去的变化既发生在温度水平上，又发生在大部分降雪的季节里。

在冰期的寒冷期，冬季特别寒冷和干燥，没有一般冬季降雪那么丰沛，冰-同位素并不能代表变冷的程度。

我们之后会讨论剧变的气候，我们会回到用一些基于气体同位素技术的古温测定。这些技术展现的只是在特定剧烈变化期的温度，而且能重建非常准确的温度记录。用这些技术所产生的温度估计很好地与冰-同位素和钻孔温度的估计保持一致。结论清晰——我们掌握了格陵兰岛过去气候的冷热程度。

# 7

## 风中之沙

/

无论空气中吹过什么，都可能降落在冰面上，然后被埋入雪中。我们随后就可以分析那些物质，获知大气中物质的历史。

气溶胶——空气中的小粒子——有许多的来源。沙尘从大陆吹来，特别是来自世界的几大沙漠。来自撒哈拉的沙尘降落在美洲，来自中国的沙尘有助于夏威夷土壤的建立。沙尘的化学和矿物质细节会被用来了解它的来源。这些研究显示南极洲的许多沙尘的输入源自南美南部的巴塔哥尼亚。令人惊奇的是，这些研究也显示格陵兰岛的许多沙尘来自亚洲，它们在环绕世界的途中吹到了这片冰原。

陆地的演化过程也制造其他的物质。在北卡罗来纳州和田纳西州的大烟山国家公园上的蓝色阴霾包括了各种各样由树木和土壤制造的化学物质。这些化学物质的轨迹吹过格陵兰岛，降落在雪上。森林大火集中把烟尘、铵、有机酸和其他的化学物质周期性地输入空气中，通过这种烟雾而降落的雪能吸收到足够的烟雾在冰上形成可见的一层。一些花粉会实现它的繁衍功能，一些会被过敏的鼻子从空气中过滤出来，但大量的花粉会被吹到湖泊、海洋或冰里。

海洋把大量的盐和其他物质带入空气。如果你把你的手放在刚刚倒出来的可乐上，你会感觉到气泡爆裂时被抛入空中的小水滴。如果你让手中的可乐蒸发掉，你会发现黏稠的棕色小点，这表明气泡正在从瓶子里析出糖和人造色素。当海浪打在海洋上，它们会变成白色，同时它们会俘获空气形成气泡；当那些气泡升出水面并爆裂，它们就像苏打水气泡一样将小液滴抛向空气中。那些小液滴携带了水、盐，偶尔也会是微小的贝壳和来自生物体的有机物质。因此，空气总是会接收到海洋里的这些样本，有些最后会落在雪里。

巨大的火山喷发能推动数立方公里级的物质进入平流层，而且这些物质可能会存留好几年，然后渐渐掉落下来。在冰芯里的尘埃颗粒和硫酸是可识别的标记物，标识了这种环绕全球的火山喷发或者更小一些的局地火山喷发。

大气在化学意义上比几年之前可以想象的要有趣多了。各种能起化学反应的物质从陆地和海洋被供应给大气，太阳的能量又把这些化学物质拆分，把新的化学物质聚合起来，换句话说就是在晃动罐子。一个例子就是过氧化氢，这是一种化学性质活跃的化合物，我们人类将其用来消毒割伤和擦伤，阳光也会在大气中生成少量的过氧化氢。过氧化氢并不能在大气中存留很长时间，因为太阳在两极地区的冬季照射强度不足以制造过氧化氢，所以过氧化氢有着非常好的年际变化特征，而且已经被用于一些冰芯的测年，正如前面所提到的。夏季降雪中过氧化氢的积聚峰值依靠很多方面，包括伴随着可以和过氧化物产生反应的其他化学物质的浓度，因此过氧化氢的浓度会告诉我们关于大气化学的历史。

来自外太空的宇宙射线一直在轰击大气和接近地球表面的岩石、雪和水。宇宙射线的巨大能量让它们可以偶尔在空气或地表分裂一个原子。铍-10和其他同位素通过这种分裂在大气中产生，然后落在包括冰原在内的地表上。如果可以知道准确时间的话，就可以对降雪的稀释作用发生的改变进行一些其他的修正，以及马上会谈到我们能用这些由宇宙射线生成的聚合物来认识它们生成速率的变化。生成速率的改变可能是宇宙射线通量的改变、地球的磁场的改变，或者太阳活动的变化（因为磁场和太阳风阻止了许多宇宙射线到达地球）引起的。通过比较冰芯数据与来自其他类型的记录，我们就能认识到关于地球和外太空的互动作用。

偶尔，有人会在冰里发现一颗流星、一块微陨石或者其他外太空的碎片。在格陵兰岛冰层里融化的水塘常常储藏了微陨石的沉积物。在南极，剧烈的风的流动使冰流逐渐衰减到山脉旁边一些特殊地方的表面，当周围的冰被吹走，流星就会集中在这些表面。南极的"南极研究站"利用它的电子发动机的余热融化冰来作为水的供应。一个充满水的洞穴被保存在这个站的底下，随着热量的增加，慢慢地面积和深度变得越来越大，从而排出足够的水来供应这个站的需要。在冰里微陨石通过融化而释放出来，留在这个洞穴底部的冰上。研究者团队现在已经建立了一个机器人式的"真空吸尘器"来收集这些小的陨石。如果微陨石降落后已经随时间而改变，在水里缓慢地向下融化，这将引起这个"真空吸尘器"的提取物也会随时间而改变。

简单地说，一个聪明人会发现研究冰很有意思。许多聪明人在研究冰中物质时学到很多内容。不过，这里也有很多的复杂问题。一个是冰还是一种相对干净的物质——冰中许多有意思的成分是在百万分之一的量级上被测量，有些是10亿分之一，甚至更少。一瓶滴鼻液比起一大堆的冰有更多的成分。在收集、处理、清洁和分析冰芯的时候我们需要非常小心，才能得到过去气候的信息，而不是用现代的手套弄脏它们。特别是冰化学家那些人，在研究汞、铅和其他这些人类已经常规生产的自然原料时，常常会被"一般人"看来是有点奇怪和偏执的。但是"就算你有被害妄想症，也不代表他们不会真的来抓你呀"——由人类造成的肮脏环境真的是被冰化学家发现了，所以他们需要一点偏执。

另一个复杂性是一片冰原并非取样大气成分的完美途径。物质从空气转移到冰层的过程可能是非常复杂的。雪中的成分集聚与降雪时的空气有关，而且雪的集聚可能还与其他物质相关。

例如，风可以吹过冰雪几英尺之上，尽管深度不会这么深。吹过雪堆一边的风会携带大量小的粒子，雪可以充当一台空气过滤器，从另一边出来的风会更加洁净。如果气候变得多风，雪堆就会因为有更多的空气流入而变得更脏。

停留于雪或冰的大部分化学物质可以在大气中被雪花所吸附，因为雪花是在微粒附近生成的，或者是因为掉落的雪花与化学物质碰撞或者吸附。化学物质通过雪花转移到冰层的过程被称为"湿沉降"（虽然这个"湿"其实是冻结的意思）。但是降雪中的一些化学物质正好散落到雪的表面或者被风吹入雪里，而被称作"干沉降"。

干沉降和湿沉降都会造成一些问题——如果没有太多的降雪，干沉降的化学物质将不能被冻水稀释，那么在冰层里的灰尘集聚将比降落的雪花中程度更高；如果有更多的降雪，干沉降将变得不够重要，冰中灰尘的集聚程度几乎是跟降落的雪花中的程度一样。幸运的是，我们有比较好的办法来知道发生了多少干沉降和空气中多高的尘埃含量。

分离干沉降和湿沉降需要很好地确定冰芯年代，并获知冰层的浅流从而计算出积雪的比率。在多雪之年，更多的化学物质到达了表面，因为额外的降雪会带来更多来自大气的化学物质。在少雪的年份，化学物质的供应也相应减少。而当降雪接近于零时，化学物质的供应并不会跌到零点——它会降低到干沉降的比率。如果我们画出到达地面的化学物质与降雪的比率线，图上一些点连成的线可能会延伸至零降雪的水平，在那里这条线会呈现干沉降的比率。

这使得我们可以区分湿沉降和干沉降，而且可以知道湿沉降是如何与降雪率相关的。更脏的空气形成更脏的雪花，更脏或者更多风的空气会形成更多的干沉降。我们可以很好地知晓怎样将所有这些梳理出来。只要有一点努力，冰芯可以回答更多的问题，比如多少海盐和大陆尘埃会被吹到周围，多少次大火发生在上风点，我们对宇宙射线的屏蔽程度如何，有多少陨石留在地球上，等等。

# 8
# 冰中的小气泡

/

大部分的冰川冰是有气泡的。当雪结冰，冰的颗粒之间的大部分空气会被挤出，但有些会以气泡的形式保留。冰是封装过去空气的最好物质——气体分子并不会和冰产生过多的反应，而且气体分子也很难从冰里移动。气泡因此就包含了过去空气的样品，年复一年地累积起来。

过去的空气是很难被发现的，除了在冰芯里，有些研究者在古代的鱼鳔或玻璃工匠的作品里寻找，希望能得到空气变化的情况。不幸的是，这更多的是关于工厂或玻璃工匠的肺的情况，而不是大气的情况。

大气确实是随着时间而改变的。这些变化反映了地球上正在发生的过程。大气的变化有助于控制气候。

　　风会在几年里很好地与大气融合。如果你在你的后院释放了大量的某种气体，而且这种气体在大气化学过程中残留下来，在多年以后地球上的每个人都能测出你当年释放了什么。沙尘和海盐基本上只能停留在大气中几天或几星期，比起全球混合的时间要短一些，因此南极沉降的沙尘不同于格陵兰岛沉降的沙尘。但大部分气体存留在大气中有足够长的时间来进行全球混合。

　　因为大部分气体的全球混合，比较来自格陵兰岛、南极和高山冰川的不同冰芯，我们可以检测冰芯测量的可靠性。除了可理解的特殊情况外，这些比较显示出冰芯数据是非常可靠的。这些比较也是行之有效的，冰芯数据证明是如此可靠，以致我们现在能用冰芯气体来与冰芯建立相关关系。定年的格陵兰岛冰芯有着和南极与高山冰芯同样的气体演变史，而后两者很难去定年，所以我们可以基于气体组成，将格陵兰岛冰芯的定年方法用于南极或高山冰川样本。对人们一直在测量的大气成分那段时间的冰芯中残留气体进行研究，直接显示冰芯和大气年代测定之间非常精彩的契合，从而也为冰芯数据提供了更多的信心。

　　甲烷和二氧化碳是两种重要的温室气体。在工业革命以前，甲烷基本是由世界上的沼泽制造的，它在冰芯气泡中的浓度告诉我们这些湿地范围多广。在工业革命以前，数万年间二氧化碳的变化基本是被海洋的过程控制，所以大气中二氧化碳的浓度可以用来追踪海洋化学。

在寒冷的冰期中，二氧化碳和甲烷含量都很低，当世界变暖，它们的含量增加，这对于气候的运行方式产生重要的隐含影响。

我们人类制造并排放到大气中的氟利昂已经参与了一些重要的化学反应，这些反应导致了臭氧层的破裂。因为臭氧在屏蔽紫外线方面有着重要作用，可以保护地球上的生命。因为紫外线可能会导致癌症和其他有害的影响，人类社会已经决定用更安全的化学物质替代更加有危害的氟利昂。对冰芯内过去空气的分析显示在人类开始制造它们之前，氟利昂是不存在的——因此，我们真的对此负有责任。

我们在这里只是简单介绍了冰芯内的气体。但当我们试图理解过去和未来的地球系统的时候，我们会再次返回讨论它们的重要记录。

地球气候在过去发生了什么

——以及对这些古老的变化发生原因的思考

# 9
# 蜥蜴的桑拿房

／

　　直到现在，我希望你们能够知道，一个具有奉献精神的团队，其中包括钻探工人、飞行员、厨师、科学家等人，能从格陵兰岛拉出两英里长的冰，切开和分析它，并且告诉你气候在格陵兰岛和其他地方开始变化的时间和方式。我们的朋友能分析来自其他地区的树木和泥土，并且告诉你很多关于过去的气候的信息，那里的树长在哪里，泥土又位于哪里。从这些研究中来的故事，以及它们可能意味着什么，是政府付钱给我们去格陵兰岛的原因，也是这本书其余部分的内容。我会先给你关键的方面，然后再来讨论它们。有许多关键的方面，所有都可以告诉我们一些信息。最大的两点是：

　　1.过去的气候非常地不同，比起人类经历过的任何工业或农业事件都要有更大、更快的改变。

2. 如果没有任何因素引起它的改变，气候可能是相对稳定；但当气候被"推动"或者被迫改变时，它往往会突然跳到非常不同的情况，而不是逐渐改变。你可以把气候想象成一个醉汉：当不去管它时，它会坐下来；当被迫移动时，它就会步履蹒跚。

其他一些有意思的结果包括：

3. 在过去引起气候变化的"推动"可能包括漂移的大陆、地球轨道的摆动，巨大冰层的涌动、海洋环流的突然反转等。

4. 小的"推动"会引起大的变动，因为地球系统的许多过程会放大这些推力。温室气体可能已经是最重要的放大器。

5. 人类可以弄脏我们自己的窝——而我们也能清理干净。

有些结果和发现在学术上有意义，有些可以帮助我们预测未来，有些可以帮助我们决定在未来如何行动。

为了理解这些后果，我们将会回到过去。百万年以来的地球气候的变化并不比几年里的改变大多少。但是，造成百万年变化的"推动"或者"强迫"远远大于它们在较短时间里的表现。不同之处一定是在那些反馈之中——所有这些过程会放大或缩小气候对强迫的反应。很长一段时间以来，地球的反馈是在反抗这些强迫，所以大的原因产生小的反应。在较短的时期，地球的反馈会放大强迫力，所以小的原因会有大的影响。

我们可以通过沉积岩探究地球40亿年的历史，发现地球大气里温室气体的改变几乎已经抵消了太阳亮度的改变。随着大陆在地球的表面上漂移，气候已经在上亿年的时间里发生改变，改变了洋流和风，温室气体通过火山爆发加入大气的比率，温室气体通过与火山石的反应离开大气的比率也都在变化中。

上亿年以来，地球轨道微小的摆动使太阳光在不同的位置和季节移动，致使更冷和更暖的时间一直发生震荡。而巨大的冰原则会回应这些轨道效应。这些冰原在2万年前就覆盖了欧洲和北美的很多地方。奇怪的是，虽然在这个冰期地球大半地方接收到了更多的阳光，虽然整个地球得到的总太阳光与现在几乎相同，那时地球却又一次冷却了下来，温室气体涉及其中。

冰期的出现和结束以及其他缓慢的变化告诉我们很多关于气候的事，但这些改变没有快到可以真正影响我们，而且它们不会抵消自然或人类产生的更快变化。接下来三章，我们来看看缓慢气候变化的"方式"和"原因"，之后我们会以气候骤变的明显证据结束，这些证据对于轨道变化驱动冰期变冷和变暖过程尤其重要。这些剧变是如此夺人眼球，以致我们要把它们发生的原因放到第四部分中阐述。

## 暗淡的年轻太阳

来自久远过去、比冰芯更为古老的古代记录，能告诉我们一些并没有大得太过分的大变化。令人惊奇的是，百万年以来的气候变化并没有比几十年的变化剧烈得多。

来自所有地球地质年代的沉积岩至少有一些表明了它们是在液体水中沉积而成。在40亿年的历史中，表面温度并没有变化太大，不足以把我们从舒服的环境变成火星上的极寒或金星上的暴热。这种温度的稳定性非常令人惊讶。基于我们对太阳系的理解，太阳逐渐变得越来越热，在40亿年前它只提供了占现在3/4比例的热量。为什么那时我们完全没有被冻坏或者为什么现在我们没有热爆了？

对这个"暗淡的年轻太阳悖论"逐渐为人接受的答案是，我们被化学反应所拯救。二氧化碳是一种温室气体，它吸收并送回一些热量到地球，而本来这些能量会散失到外太空。

降雨从大气中俘获一些二氧化碳，形成一种弱酸。这些酸破坏并分解岩石，这个过程被称为风化，因为它是天气所引起的。岩石上风化的化学物质被冲入大洋中。在那里，珊瑚和其他生物用化学物质来制造外壳。我们能将这个长期、分离的化学反应写成一个方程式：岩石（$CaSiO_3$），加上二氧化碳（$CO_2$）反应形成碳质外壳（珊瑚、贝类和其他；$CaCO_3$）加上硅质外壳（海绵、硅藻和其他）。热量终究会反转风化反应，制造熔化的岩浆和二氧化碳气体，它们从火山中喷发，以便岩石风化又一次开始。（这里我已经用了方便和过度简单的化学方程式来代表"岩石"。岩石也包含了其他化学物质，包括生锈的铁和形成黏土的长石，这些对土壤形成都有贡献。土壤也会被冲到海里，沉淀、熔化，然后喷发。这些变质反应可能会重新形成岩石，不需要真正熔化而释放二氧化碳。）

火山将地球深处的二氧化碳和火山岩石带回表面的速率取决于地球深处的状况，这种状况在百万年间产生变化。但是二氧化碳从大气中释放的速率却受温度影响，因为更高的温度会使得化学反应进行得更快。如果气候变冷，二氧化碳和岩石之间的化学反应就会慢下来，火山供应到大气中的二氧化碳超过了风化的消耗，二氧化碳会在大气中增加，然后世界就开始变暖。如果气候变暖过快，二氧化碳和岩石的反应比火山能替代的快得多，那么大气中的二氧化碳水平会下降，气候就会变冷。自然赋予了地球一个温度自动调节器，它为生物保持了地球表面适于居住的条件，喜欢液态水的我们人类也不例外。

## 反馈

这个温度自动调节器是一个稳定化过程的例子，这个过程往往会"抵抗"一些改变，以使得这些改变越来越小，于是被称为负反馈。我们都很熟悉从县集市和类似的聚会上通过廉价公共广播系统得到反馈。技术员打开系统，用指甲在话筒上敲击。系统中的放大器会使得指甲的敲击声变得非常响亮，当技术员错误地把扬声器放置在话筒的旁边，扬声器里会发出噪声。来自扬声器的嘈杂噪声会被话筒拾取，又发回到扬声器而甚至变得更响。这个结果变成极为恶劣的哀嚎声，它就是一个正反馈——技术员敲击话筒的初始噪声触发了另一个过程，放大了初始噪声。

你的身体会充分利用负反馈过程。比如，如果你锻炼，你的身体会开始变热。之后，你开始出汗，汗液的蒸发会使你凉快起来。要是你变得太凉，你会停止出汗，以使你保持更多的身体热量，你的身体甚至可能开始颤抖以产生更多的热量。

你也会有正反馈。发烧帮助你的身体抗击入侵的病毒。当你发烧时，你的身体会告诉你处于冷的状态，于是你会盖更多的毛毯去让自己更加热起来。有些情况下，这些正反馈可能会失去自制力，于是身体会自己变暖直到损坏。

地球系统也充满了反馈。最长期的反馈无疑是负向的，并且使地球气候在40亿年间稳定在使液态水出现的狭窄温度范围内。我们会看到短期反馈中很多是正向的，使得地球气候在几年、几十年或者几千年间的变化几乎和它在十几亿年里的变化一样大。

太阳亮度的改变和来自岩石风化的反应都是缓慢的过程。如果你担心时间太短，只有几百年，研究太阳的物理学家认为太阳的亮度不会有过大的改变。岩石和二氧化碳反应的变化会在50万年或更少的时间里显著地影响地球的温度，但大的变化常常需要百万年或者更多的时间。这类过程不会影响人类处理很多发生在"我们"文明、生命或者议会任期的时间内尺度里的变化。

地质记录表明了10亿年来的气候稳定性，同时也表明了地球上冰的数量在几亿年以来有过巨大的改变。今天，永久冰覆盖10%的陆地表面，但1亿年前，暖和得多的地球几乎没陆地冰。在温暖的白垩纪，恐龙在冒着蒸气的沼泽里跺脚或者遨游在温暖的海洋不用忧虑撞上冰川或冰山。回到更早的时候，许多如此温暖和寒冷的时期已经发生过了。一些地质证据间接表明，在来自火山的缓慢出现的二氧化碳拯救我们之前，这些古老的寒冷时期可能危险到几乎要把这个星球变成巨大的"雪球星球"。要把地球从温暖变到寒冷或从寒冷变到温暖的时间已经有所改变，但通常更接近于1亿年，而不是1 000万年或是10亿年。

这并不奇怪，对于大陆漂移来说，要花1亿年才能真正改变地球的外貌——在几千万年里不会有很多变化发生，而在10亿年里大陆会重新分布很多次。如果所有大陆都坐落于赤道，那么就没有可供冰层发展的寒冷陆地；如果一个大陆孤立地位于某一极，例如今天的南极大陆，那么冰川形成就很容易。漂移的大陆也会影响喷发二氧化碳的火山是否常见或者少见，影响哪种岩石暴露出来与二氧化碳进行反应，影响洋流和大气是如何分布的。所以在冰期和暖期之间通常的亿年跨度是大陆"洗牌"式的漂移和创造大陆、山脉、洋流等新布局的典型时间。我们正生活在其中一次的较冷时期，有着很多冰而较少二氧化碳的数百万年。我们处于距侏罗纪的蜥蜴桑拿房以来1亿年的末端。

顺便说一句，陨石被认为是杀死恐龙的罪魁祸首，部分原因是改变了气候。一些确凿的证据表明，大约6 500万年前的一次陨石撞击把尤卡坦半岛顶端的岩石炸出了巨大的弹坑。更大的岩石被大量地抛掷出了地球大气，并传播到世界各地。这些岩石被撞击后的几秒到几小时内就像陨石"流星"一样被烤热，当它们坠落时，引发的大火席卷了大部分陆地表面。撞击产生的沙粒和蒸发的化学物下降得非常缓慢，以致它们不会升温，而且会漂浮在上空若干年，阻挡了阳光。在毁灭性的火结束之后，紧随其后的是"撞击下的冬天"，这给很多生物带来巨大压力。

但这种气候看起来已经在几十年或几个世纪里跳回到了正常状态。陨石估计是地球质量的十亿分之一，没有大到严重的程度，以致影响地球的轨道运行或者发生类似翻转星球的大事。气候可能并不会恰好回归到在受到这些影响之前，因为生物会影响气候，而且生物的类型和分布确实会在这种影响之后发生改变。但是，比起从蜥蜴的桑拿房到最近冰期的巨大变化，来自这种影响下生物作用造成的气候变化可能相对较小。

研究久远年代的巨变是地质学的巨大乐趣之一，也会告诉我们很多关于地球系统方面的信息。但幸运的是，杀死恐龙的陨石之类的大灾难很少出现——如此大的事件几乎不会发生在6 500万年的间隔中。其他久远年代发生的比较缓慢的变化使得更为快速的事件发生成为可能。我们会先讨论冰期如何更快变化，然后再讨论格陵兰岛的冰芯里所保留的狂乱变化。

# 10
# 太阳系的摇摆不定

/

　　至少在过去的几百万年里，地球上似乎有大量的冰，所以我们远离了地球气候变化范围内最热的一端。但在这几百万年冷的年份，气候绝不稳定。今天，冰覆盖10%的陆地，而在2万年前冰覆盖了30%的陆地。走过美国中西部或者北欧的平原，你会发现留在巨大冰原上的沉积物。这些沉积物是泥土和岩石层在移动时遇到了冰川堆积而成，然后以刀片在面包上涂抹花生酱的方式扩展到了陆地表面。这样大量的沉积物显示了冰已经有过很多次来回。

　　但是，如果你想象在面包上一层层涂抹花生酱，你可以想象有时两层花生酱会混合在一起，或者刀片会一次刮到好几层并移动它们，从而向下侵蚀到面包。同样，假如就在你涂抹花生酱的时候，你3岁的孩子咬了一小口面包的边缘，你会失去你涂抹的一些痕迹，就像融冰形成的水流因为携带了冰川上疏松的岩石进入了大海，所以抹去了陆地上许多冰川的印记。

为了知道冰是如何在陆地上发展并融化的，我们跟踪水流来到了海洋。在这里，我们会找到一根"测量杆"，以显示在不同的时代里有多少水留在海洋里，有多少又被固定在陆地的冰里。利用一些精巧的数学技术来解读这根测量杆，显示了地球轨道的一些特性导致了冰的扩大和缩减，这是对太阳光照夏–冬和南–北分布的变化的反馈。令人惊奇的是，我们将发现那些照射到加拿大、欧洲和西伯利亚等北部高纬度地区的阳光与其他地区的阳光相比对控制全球的气候更重要。

## 深海的测量杆

收集海底沉积物的泥芯，然后你会发现泥土中包含了生活在水里或者海床的小型植物和动物的外壳，并且在几百万年间沉积。那些外壳往往由碳酸钙或者二氧化硅构成，包含了生物从海水中获得的氧气。

如果你能回忆起之前我们关于测量过去温度的讨论，氧气天然具有不同的"喜好"，或者是不同重量的同位素。轻的同位素的比重更容易从海洋中蒸发，所以水蒸气和降雨里的同位素比海洋里的轻。冰川或冰层就是一大堆水蒸气变成了冰，储存在大陆的某些地方。今天，所有这些冰堆如果融化的话，所含的水足够使全球海平面在垂直方向升高200英尺；2万年前，冰可以升高海平面400英尺。

当冰原变得越来越大，它们包含了海洋所失去的更多轻的水-同位素。重的同位素则集中在海洋保留的水中。从海洋里获取氧气的植物和动物不得不使用比一般情况下更多的重氧来生长它们的外壳。当冰面融化，同位素较轻的水会涌入海洋，在那里就会形成同位素更轻的外壳。

所以，当生长时间短的外壳堆积在生长时间长的外壳之上时，它们就已经书写了冰层的历史。驾驶钻探船到海里，拉上来沉积物的泥芯。雇用穷学生或技术员去从泥土里排序和扒出你最想要的"虫子"类型的外壳。利用一些年代测定技术来给这些外壳定年。通过你手头的质谱仪来盘活这些外壳以测量重氧和轻氧的比率。得出的结论就是地球上冰原大小的记录。

当然，这里有许多复杂的情况。一些物种"喜好"重氧，一些物种"喜好"轻氧，所以你需要确保你所有的外壳都来自相同的物种，而且是用一个在现代世界比较著名的物种来准确记录水-同位素。温度和水的成分影响着被外壳所吸收的同位素，但水-成分的效应常常会更大，所以这里有一些办法可以去校正温度。一句话，我们能将"虫"外壳里同位素成分的历史可信地转换成地球上冰的数量历史。

## 有疑问的时期

从虫-壳同位素得来的冰期历史在最近一百万年间表现得非常平稳（见图10.1）。冰在大约9万年里扩张，在大约1万年里收缩，如此循环往复，有一个更小的摇摆跨度大约在19 000年、23 000年和41 000年。这些数字来自傅立叶分析的应用，由傅立叶这个法国数学家研发。

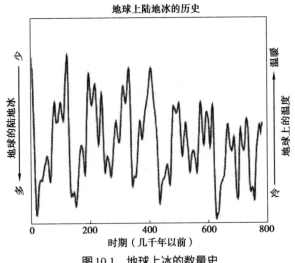

图10.1　地球上冰的数量史

地球上冰的数量史（纵轴底部表示更多的冰）几乎也是地球的温度史（纵轴底部表示更冷的情况），来自约翰·英博利（John Imbrie）和其他人的工作，引用目录在资料来源和相关信息一章里。特别寒冷和大范围冰的时期之间相隔几乎10万年，之前是缓慢、颠簸的9万年变冷，之后是迅速的1万年变暖。这些暖冷的时期间隔由地球轨道的摇摆而决定。

为了了解它是如何运作的，我们假定你是一位住在中纬度地区的天气方面的资深学者，就像我的家位于斯堪的纳维亚半岛中部一样。无论白天还是黑夜，每一个小时你都要用放在你窗户外面的温度计记下温度。几年之后，你把一页页的数据归整，并开始分析它们。如果你画了温度随时间而改变的曲线，你会发现几件事：白天一般比夜晚的温度要高；夏天一般比冬天的温度高；天气往往在几天内变暖，当冷锋强力来袭，又会凉下来，然后又会热起来；这些数据是"充满噪声"的，因为有些温度改变不能被任何日、周或年度的改变所解释。如果你简单地把冷-冬/热-夏加上冷-夜/暖-日加上一周的风暴周期，然后再加上或减去一些随机数据，呈现出恰当而凌乱的外表，你可能会很合理地创造出看上去很真实的温度记录。

许多真实的系统看起来很像这样。利率的变化就像温度，依赖于某些"时钟"，例如日-夜和夏-冬的变化。这些变化也包括了一些"特征时间"，例如冷锋与冷锋之间的一周，这并不是完美的时钟，因为冷锋之间的相隔可能有三天或者两周的差距，但它有一个"最优"或者"特征"跨度。傅立叶研发了一种现在已经通用的数学方法，用来找到包含在任何数据集里不同种类的变化。利用这种技术来分析你家窗外几年的气温数据将会制造出清晰的每天和每年尺度的"峰值"，以及一些集中在一周左右的风暴周期上的变化。你会说出每天、每周和每年的周期性，以每次重复的时间或周期命名。

相同的技术已经也被应用于过去一百万年中海洋生物外壳上推算冰的数量史。20世纪90年代以前，大部分海洋冰芯研究沉积物，取自那些蠕虫和其他挖洞动物在觅食或者躲避天敌的时候爬过并搅动泥浆的地方。这种生物学扰动的典型效果或者叫作"生物扰动"（bioturbation）抹去了持续几千年或更短时间以来任何变化的记录，但留下了更长时间的完整记录。你可以创造出一种类似的效应，比如用一支软铅铅笔画出每小时温度数据，然后用手指抹过纸页——昼夜变化可能就没有了，尽管你仍然可以看到更缓慢的变化。通过对蠕虫搅动的记录进行研究，我们发现了三个主要的间隔或周期性，冰量峰值大约是10万年、41 000年以及更短的19 000年与23 000年。

## 天际的季节变化

出人意料的是，这些周期早在被发现的几十年前已经被预测了。南斯拉夫数学家米卢廷·米兰科维已经从前人的工作里获知地球轨道有一些奇怪的特征，诸如木星的重力拖曳对地球的影响。这些轨道特征对于地球接收到的光照数量有着非常微小的影响，但是它们会改变地球接受光照的地点和不同季节的分布（见图10.2）。

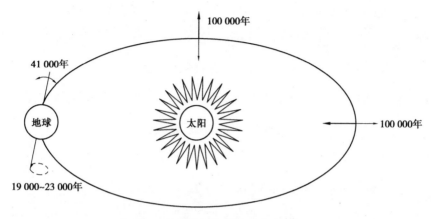

**图10.2 地球不同年代的光分布图**

地球轨道的这些特征将地球上的光照重新分布，轨道的"失圆度"或者偏心率在10万年的时期内增加和减少。连接地球北极和南极的旋转轴倾向于轨道平面，旋转轴的"倾斜"或者斜度在41 000年的时期里变化。这个旋转轴的"摇晃"引起了地球最靠近太阳的时间的改变。从北半球夏天/南半球冬天（如图所示）转换或者进入南半球夏天/北半球冬天，循环往复，典型的间隔期在19 000年到23 000年。这些轨道特性对地球接收太阳光照的总量没有大的影响，但它们改变了所接收太阳光照的地点和季节分布。

　　地球的旋转轴（连接北极和南极的那根线）偏向轨道平面。如果每一天你能竖立一根从太阳到地球的棍子，一年之后这些棍子将会形成一个轨道平面。地球的自转轴并不直接垂直于这个平面，而是跟垂直有大约23°的角。这就是为什么我们会有季节的原因——北半球在轨道一边会靠近太阳，而在另一边远离太阳，而南半球则相反。如果自转轴保持"垂直"，两极将会在永久的微光之中，而不是从24小时的白天转换为24小时的黑夜，而且我们所知的四季将不再存在。自转轴的角度，被称为倾斜率或者倾角，偏差在22°~24°，大约41 000年循环一次。当倾斜率改变的时候，夏季和冬季温差也会变化。在"没有倾斜就没有季节"的说法里，倾斜率的减小也会引起夏季和冬季的温差变小，无论是北半球还是南半球，会有温暖而非酷热的夏季，凉爽而非寒冷的冬季。夏季和冬季之间的温差随着倾斜率的增加而增加。

行星运转在蛋形（椭圆形）轨道，而不是圆形轨道。地球围绕太阳的椭圆形轨道的偏心率或者"失圆度"是不同的，从接近正圆形到更加扁平，然后在大约10万年后又回到原来的形状。另外，自转轴缓慢地摇摆，在这个椭圆的轨道上改变了地球最接近或最远离太阳时的季节。季节的这种"岁差"有着复杂的变化，基本上在每19 000年或23 000年重复一次。现在，当地球远离太阳时，北半球正值夏季，而南半球正经历冬季。而当地球靠近太阳，北半球是冬季，南半球却是夏季。在大约1万年前，这种情况是相反的，北半球的夏季和南半球的冬季是地球最接近太阳的时间。因此，与1万年前相比，现代的夏-冬差异在南方较大而在北方较小。需要注意的是，10万年轨道椭圆率改变的主要作用是确定这种岁差的重要性——如果轨道完全是圆形的话，地球与太阳的距离就不会改变，岁差就不重要，只有倾斜率才能影响四季。公转轨道实际上现在几乎是圆的，所以岁差的影响就不是很大。

根据这些数据，米兰科维斯基计算出了阳光在地球上移动的周期性。几十年后，海洋沉积物中一些化石的氧–同位素成分显示的就是这些周期。这种一致很难是巧合，太阳光照的改变一定是冰层变大和缩小的原因。

哈德逊湾周围的高地和北部高纬度地区的其他部分有着远高于冰点的平均温度，但是它们在夏季很少会有雪融化。更短暂、更凉爽的夏季会让更多的雪存在，更漫长、更温和的冬季实际上会促进降雪，因为虽然温度低于冰点但比较温暖的空气携带了更多的水汽。对海洋冰芯记录的全球冰雪数量与米兰科维奇计算的太阳光照量进行比较，可以发现，当哈德逊湾和北欧有短暂、凉爽的夏季的时候，冰雪一直增长；而哈德逊湾的夏季漫长炎热时，冰雪更容易融化。

有一些奇怪的方面与冰量的涨落模式有关。一个是当哈德逊湾和北欧夏季光照时间减少时，南极、新西兰和智利的冰雪就会增长，即便这些地方的夏季光照时间比平时多。我们会很快回来讨论这种古怪的行为。

另一个奇怪的方面，10万年间太阳光照分布的细微改变已经引起了冰原的巨大改变，而太阳光照在较短时间内的较大改变导致了冰原的较小改变。对这种行为的神奇解释是，巨大的冰原会比小的更快速融化，它会花上10万年中的绝大部分时间来成长为一大片冰原。

# 11
# 轨道带的舞动

我们现在来解决两个谜团——为什么10万年来太阳光照的细微改变会引起全球气候如此巨大的变化？为什么加拿大、欧洲和西伯利亚的太阳光照比起新西兰、南极或其他地方的要更重要？两个谜团都没有被完全解决。看起来是这些冰原本身发生了变化，基本上是因为这些冰原花了数万年来增长，而只花了数千年来消亡。由于某种原因，当北方的阳光减少、冰原增长时，二氧化碳和其他温室气体的含量下降；而当北方的阳光增加，冰雪融化的时候，这些气体的含量升高。温室气体的这些改变反过来引起全球的温度变化。

## 它们越大，衰落得越快

为什么一块大的冰原会比小的冰原消失得更快？这里至少有三个因素可能是重要的：冰原越大，表面温度越高，能够流入周围温度越高的水里。我们接下来依次解决这些原因。

记住，冰川或冰原只是一种将雪从落得太多的地方转移到可以融化的地方的方式。所有的冰川通过内部缓慢变形的方式来移动冰雪。有些冰川也会通过滑动冰床来移动冰雪。厚的冰原就像一条毯子，在底部捕捉地球热量并且阻挡冷空气。如果这条毯子足够厚，底部的冰就会开始融化。然后，冰川或冰原会更加迅速地扩展和变薄。有时，冰床融化能让冰的移动比其冻结在岩石之上迅速100倍以上。

巨大的冰川或冰原极其沉重，会把下面和附近的陆地压下去。如果你曾经坐在水床上，你会发现当水被推到床垫的其他部分，水床表面就会在你下面凹下去。如果水床的表面足够坚硬，你会看到表面在你下面被压出一个小的凹痕。当你站起来的时候，水会流回来，你曾经坐的地方会升高。如果水床被充填了糖浆或者明胶，表面的涨落会需要一点时间，然后你会看到你刚才屁股留下的凹痕慢慢升起来。

靠近地球表面冰冷、坚硬的岩石形成了60英尺左右厚的"水床表面"，它们依靠在松软、炎热的岩石之上。如果你能突然在地球上扔下一片冰原，冰下和附近的岩石就会下沉。但是，这种下沉会花上成千上万年，因为炎热的深层岩石的流动是相当缓慢的。如果你之后又突然融化了这片冰原，至少大部分融化成水，流走了，那么好几千年后，当柔软的深层岩石缓慢地流回来时，大陆就会上升。详细的测量显示斯堪的纳维亚和加拿大地区曾经为冰期中的冰原所压低，现在它们以每年1英寸的速度回到原来的高度。

山顶覆盖冰雪的高山向我们展示了高处不胜寒。想象一下哈德逊湾东北的某处高原，顶部有着小的冰盖。今天，加拿大北极圈内的岛屿上就有几个这样的冰盖。降落在这些冰盖顶部的冰雪并不会在那儿融化，而是赋予了从高原一边向下溢流到低洼地带的高山冰川，它们会在更温暖的海拔高度上融化。这样一个小冰盖能够很长时间安稳地竖立在那里。

假定气候是震荡变化的，会周期性地变冷和变热。在变冷的时期，溢流到高原一边的冰川并不会融化。相反，降雪在高原上积累，冰川溢流到高原。如果气温降低持续足够长的时间，这些雪就能积累起来形成2英里厚的冰原。这些冰的重量将压迫底下的陆地变成一个巨大的碗，中心凹下超过半英里。

因此冰原在高地上增长，然后会下沉，将冰的表面降低到更温暖的大气中，在那里，冰就更有可能会融化。同时，随着地球轨道重新分配阳光，气温升高也会发生。在陆地能够显著升高之前，这种变暖会使得冰的边缘部分迅速地反复融化结冰，所以冰原融化的边缘部分又会回到被压低而形成的碗状陆地。

如果来自冰原的融水由于某种原因找到流出碗状陆地的渠道，之后冰原融化的边缘部分将会移动到越来越低的海拔高度而进入碗状陆地，在那里气温越来越高，因此会引起越来越快的融化。陡坡会引起冰川更加迅速地扩张和变薄，它会拉动它的表面到更低海拔的大气中，那里融化也会更加迅速。

更常见的情况是，融水将在冰原的边缘形成池塘，或者冰原会把陆地推动海平面以下，海水就会注入进来。海洋或者湖泊里的水流带来太阳所加热的水，并且搅动这些暖水通过冰原的边缘。就像方形冰块放在一杯水里会比堆在充满气体的杯子里会融化得更加迅速一样，冰川接近湖泊或海洋的边缘会融化得更快。同样，冰山也可能在边缘湖泊或海洋中断裂，然后漂离，在别处融化。

因此，在现代的气候中，小的冰盖可能几乎可以永久悠然自得地竖立于加拿大北极圈内的领土。但如果气候变冷的时间足够长，就会生成巨大的冰原来压低它底下的陆地，回到现在的情况，温度升高可能会在陆地再次升高之前就融化整个冰原。

人们可以建立冰原的计算机模型，包括所有这些过程，探索太阳光可知的改变会对冰原产生什么样的影响。许多模型都认为，冰是在大约9万年中生成的，有着19 000年、23 000年和41 000年间隔的摆动。然后，冰原会在1万年里迅速缩减。我们应该会自然而然地接近下一个过程的开始，这是一个漫长、缓慢、崎岖地滑入冰期的过程。

因此，我们认为已经理解了为什么最近每10万年冰会生长和融化？但当北方的夏季阳光减少时，为什么冰反而在南方增长，即便南方夏季阳光也在增加？长期的冰芯记录，特别是来自南极洲中东部地区沃斯托克站（Vostok）的记录，清楚地显示了温度变化是由轨道摆动造成的。幸运的是，沃斯托克冰芯也显示了一个最大原因：温室气体。由于我们尚不太清楚的原因，冰期循环的变冷过程减少了空气中的温室气体，并造成了更大程度的变冷。这可能是因为冰期变冷时减少了蒸发，导致水汽下降，而当冰期更强烈的风携带更多的灰尘进入海洋而滋养了海藻，导致二氧化碳的水平下降。

## 冰的汽化

记住，雪转变成冰会俘获古老空气中的气泡，它们在冰里几乎可以保持不变。这允许我们去发现温室气体在大气中的浓度变化史。

最重要的温室气体是水汽。已有的证据显示，变冷会降低空气中的水汽，这又引起更大程度的变冷。不可否认，水汽的沉积物记录并不是太好——沉积物泥芯、树木和冰都一直含有大量的水，因此这些沉积物并不会记录微小的水汽变化，我们只能去寻找其他信息。

总的来说，更热的空气会保持更多的水汽，所以我们会设想更热的时期会有更多的水汽。已有的证据支持了这种推测。几乎所有来自极地和高纬度地区的冰芯表明冰雪在暖期里的积累比起冰期更加迅速，并且全球湿地看来在暖期会有更大的扩展。确定无疑的是，仅仅温度是不能控制降水的，否则炎热的撒哈拉沙漠可能是地球上最湿润的地方。相反，温度和"风暴度（storminess）"对降水有贡献，所以在冰原上积雪的改变反映的要么是温度的改变，要么是风暴度的改变。但是在冰期里，比今天更干的区域要比更湿的区域范围更大，更湿润的地区总的来说可以为一些变化所解释，这些变化发生在风暴经过的地方。因此，看来更冷的时期最重要的温室气体——水汽相对较少。

我们能更好地理解其他温室气体是如何改变的。第二位最重要的温室气体是二氧化碳，接下来是甲烷、一氧化二氮和其他气体。这些能在南极的冰中气泡里轻松进行研究，以及大多数在格陵兰岛的冰里都有很好的记录。（一些格陵兰岛的冰的二氧化碳含量略显异常，因为在火山的或者其他的酸与碳酸盐灰尘之间的反应会在冰里生成很少量的二氧化碳，但化学污染在南极更清洁的冰里形成不是太大的问题。化学反应会制造额外的二氧化碳，但它不能制造甲烷、一氧化二氮或者其他重要气体，所以来自格陵兰岛的气体记录是可靠的。）

南极冰芯的研究显示，当南极开始降温时，大气中温室气体下降（见图11.1）。这时里阳光在北半球的夏天减少，冰原和冰川在世界很多地方增多，并且海平面持续下降。当夏季阳光在北半球增多，冰雪融化，重新充填海洋，温室气体上升以及南极与世界很多地方开始升温。所有的温室气体，包括水汽在内，看来是或多或少地一起改变，尽管在计时上会有有趣的小差异。冰期的世界平均温度可能比最近低大约10 ℉，有些地区会低40 ℉；这种全球温度变化大多可以用这些温室气体以及带来的反馈的变化来解释。

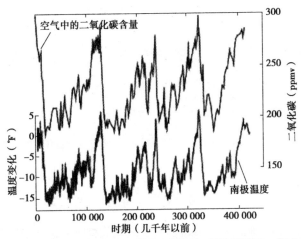

图11.1    南极洲中东部地区沃斯托克站温度的冰-同位素历史，以及来自沃斯托克站冰芯气泡中的二氧化碳含量变化的历史

出自J.R.佩蒂特和其他人的论文，详情见参考文献。此图涵盖了4个冰期。在整个记录中，二氧化碳水平在暖期保持高点，而在冷期维持低点。如果不包括二氧化碳曲线的影响，就无法成功地解释温度变化曲线，这为二氧化碳影响温度这个想法提供了强有力的支持。二氧化碳的改变可能会被轨道的摇摆以及它们对冰原、风和其他事物的影响所驱动，此时温度会响应二氧化碳；但是，二氧化碳改变相对于温度改变的具体时间还不能获知，在下一章我们会讨论这一点。

虽然我们对于水汽和甲烷改变的原因（这个讨论正在进行）有一个比较好的理解，我们仍然不知道二氧化碳和一氧化二氮变化的原因，尽管承认这点会马上感到尴尬和兴奋。我们对此有些好的想法，但又无法确定。我们在这里将集中在二氧化碳上，因为它比起一氧化二氮重要得多。为了理解二氧化碳的改变，我们需要简略地来考察一下地球上的碳。

地球的大气现在包含了大约8 000亿吨级——例如8 000亿吨——的碳，几乎所有的都是以二氧化碳的形式存在。算上这个星球上的60亿人，相当于每人排放大约133吨二氧化碳。我们都会将大约1/3这种形式的碳排放到空气中，而且我们可能在未来将更多的二氧化碳排放到空气中（见图11.2）。世界上的森林有着几乎和大气一样多的碳，土壤中的有机物质几乎包含了大气中碳含量的两倍。

海洋包含了大量的二氧化碳——大约是大气的50倍，它们溶解于水，并与水发生相互作用。甚至更多的碳被固定在碳酸盐的岩石中，但这种岩石碳只在大陆漂移的1亿年时间尺度中发生重要的自然变化。我们人类容易估算出原油、煤炭和天然气包含大气含碳量大约7倍以上的碳。

因为碳的储存会在海洋的主导之下经历千年显著的自然变化，在整个冰期循环里，二氧化碳的变化几乎一定是大量依赖于海洋。不错，冰川的扩张或收缩一定会改变陆地上碳的储量——例如，如果冰川威胁了森林，树木将不会在这里生长——但这些改变还是小的。

这个过程可能在冰期会对海洋从空气中吸收二氧化碳有所贡献。一种改变是容易发生的。更冷的水更好地保持了二氧化碳。加热一罐苏打水会发出"嘶嘶气泡声"，那就是二氧化碳。加热海洋也会发生同样的事。在冰期里，冷却海洋会使它们吸收更多的二氧化碳，从而导致气温愈加低。

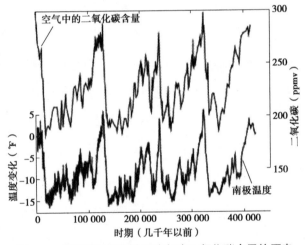

图11.2 沃斯托克站温度和空气中二氧化碳含量的历史

沃斯托克站温度和空气中二氧化碳含量变化的历史与前图类似，但范围发生了改变，表示人类可能在下一个世纪对二氧化碳产生的影响。对未来温度的疑惑为我们提出很多有意思的问题。

其他变化有一点儿复杂。当海藻在海洋表面生长旺盛时，它们就会利用太阳能将二氧化碳和水结合，来繁殖更多的海藻。动物通过捕食缓慢地燃烧海藻或者食藻类的动物来养育自己，将海藻变回能量、水和二氧化碳。但是，动物并不是完美的燃烧室，它们不可能把吃下的所有食物都用掉。相反，动物将食物中的一部分包装成粪球（"虫粪"），这些粪球就迅速降落到深海，而且很可能最终落入海底，它们携带着一些碳和其他化学物质。二氧化碳–海藻–动物–粪便的链条导致一些二氧化碳落入海底，降低了海洋表面的二氧化碳含量。更多二氧化碳此时从大气中弥漫到海洋表面来取代沉降的二氧化碳。因此，海洋表面的生物活动就像一个气泵将二氧化碳从空气中转移到深海。有几个过程可能会在冰期里使得"生物气泵"运转良好。

例如，在冰期里，在极地和中纬度地区遍布的冰雪使得更多到达高纬度地区的阳光，被反射回太空，而不是被吸收以加热星球。因此冰期的变冷在极地比在热带更加剧烈。赤道和极地的温差加大推动风力更加强烈，于是更加强烈的风从大陆上卷起更多的灰尘，并携带这些灰尘在沉降之前远赴重洋。风吹起的灰尘是丰饶海洋表面的营养物之源。冰期的变冷因此会加速生物气泵将二氧化碳从大气转移到深海，降低大气中二氧化碳成分，并引起更多的冷却。

这种生物气泵也会被海平面的变化所影响，海平面大部分是受到北方冰原扩张和缩减的影响。在现代暖期，冰原是小的，海平面是高的，我们的海岸被许多的海湾所削减，比如切萨皮克海湾、旧金山海湾、靠近法国哈佛尔港的塞纳河湾和伦敦的泰晤士河。这些湾就是被淹没的谷地。它们是在冰期被切割而成，那时海平面比现在要低400英尺，海水从我们现在的海岸消退，常常可以达到几十或几百英里。现代的河流携带的营养物质往往会在这些海湾的源头被大堆沉积物所俘获。在冰期，更多河流携带的营养物质会被输送到开阔的海洋，可能加速了生物气泵，并把二氧化碳从大气中抽离出来。

这里对冰期的二氧化碳变化有几种可能的解释。温度和温室气体变化的时间细节要求有比我们这里已经讨论的更多的主动过程。无论它是怎样发生的，我们都知道当加拿大和欧洲的冰层增长时，二氧化碳水平会降低，这也有助于降低整个世界的温度。

确定的是，二氧化碳并不是事情的全过程。毕竟，冰期的循环不是由二氧化碳的变化引起的，而是由轨道摆动引起的。除了二氧化碳，还有许多因素影响气候。一些温度变化是在二氧化碳不变的情况之下发生的，而有些二氧化碳的变化又会在温度不变的情况下发生，因为其他因素更重要。但是二氧化碳一直很重要，而且如果不赋予二氧化碳重要性，就无法很好地解释冰期的循环。

通过数万年的巨大改变，这些冰期的循环确实成功地吸引了人类的想象力。自从纽约和斯德哥尔摩被埋在巨大的冰雪之下，猛犸象行走于冰雪之地之后，它只是地质学上的一瞬间。但在人类经济的时间尺度里，冰期是"永远"的过去。我们下面将观察另一种改变，即使将其与我们社会的改变相比，这种改变也是迅速的。

# 12
# 蠕虫变成了什么

/

　　我们现在已经发现地球气候在数十亿年里改变得并不太多，无冰期和冰期在数千万年里转换，留给我们的是一段冰期，冰川在最近数十万年此消彼长。一些最重要的过程在不同的时间尺度里是不同的——太阳的变化已经被数亿年的岩石风化消耗的温室气体的改变抵消，大陆漂移已经改变了数亿年来大气和海洋环流的模式，以及温室气体生成和消亡的模式，地球轨道的特点已经影响了数十万年来太阳光、冰和温室气体的分布。

　　所有这些改变都有一个重要的特征——它们的发生不会快到会直接影响你的孙辈。我想它们是有意思的。我们知道它们告诉我们很多关于地球系统的事，但它们又被下一个百年或千年"塑造"。就像建造一个室内体育馆对一个运动特许经营的长期成功是至关重要的，但它并不能标明一场比赛的结果，塑造我们的气候决定了什么是可能和不可能，但它没法告诉你什么会真的发生。

本章，我们会开始考虑发生过程快到会影响到你和子孙后代的事件。之后，我们会用下一部分的三个章节来试图解释这些快速变化，指向书本最后对未来的预测。

## 之后发生的事情

大多数关于缓慢的、由轨道运动产生的气候变化来自海洋沉积物，它们是被挖洞生物搅动形成的，从而消除了更快变化的历史。来自南极洲的长期冰芯记录大部分来自一些地方，那里每年积累的平均降雪低于风吹雪（snowdrift）的高度，因此每年的冰层无法保留。

特定的海洋沉积物保留了细微的细节，而且研究发现这是关于气候快速波动的信息宝库。陆地的记录——泥炭的花粉、树轮的宽度等——也会有气候变化的信息。对南极冰雪长期每年的研究都在开展。但对这些变化最清晰的叙述，也就是它们的剧烈程度、范围大小和速度，来自格陵兰岛中部高分辨率的冰芯。

在本书开始时，我们遇到了在12 800~11 500年前最近一个寒冷转换期的新仙女木事件。仙女木是蔷薇家族小型漂亮的花，呈白色，中心黄色，为水杨梅属植物（avens），今天生长在高海拔或高纬度的寒冷地带。如果你从今天欧洲森林沼泽底下获得了沉积物泥芯，你可能不会发现仙女木的迹象，但在泥芯底部的某个地方，你会发现仙女木的花粉或者仙女木的植物碎片。顺着你的泥芯再往下，仙女木会消失，会再出现，然后消失再出现。往回溯，仙木事件会呈现较新仙女木、老仙女木、最老仙女木。在这些之下，你会发现挖出沼泽的冰川的沉积物。放射性碳测年法会让你知道新仙女木事件大约在11 500年前结束，而其他事件则在之前的几千年里分布。

你会推断出，沼泽周围的地区在寒冷和温暖之间交替。沼泽里的化石会显示出更早气候变化的证据，包括最近500~100年前的小冰期事件，以及8 200年前更大范围却相对短暂的变冷事件，但是新仙女木事件是最后的巨变。但这些改变到底有多大，它们发生时有多快？答案——真的很大和真的很快——在格陵兰岛的冰芯里就会看得非常清晰。

## 悬崖之上

站在格陵兰岛的科学沟渠上，我测量了GISP2冰芯中经过新仙女木事件末期的年际厚度。我发现在回溯时间的过程中，许多厚层之后是一个稍微薄一点的层，一层厚度刚刚超过一半，另一层稍微薄一些，然后是许多同样厚的层次集结在更厚的层次周围。这可以最直接地解释为在三年里有了双重改变，大部分的改变发生在一年里，当气候上下波动时出现了"一闪而过"的变化。

　　讨论冰雪堆积时，认识到这一点是明智的：一年可能会看起来异常，因为钻探碰巧撞上了风吹雪的天气。我们偶尔会识别错一年，从而给我们积雪记录带来错误。回溯到冰芯中较新仙女木的时间可能会有一百年中一年的误差，在更久远的冰里我们会有一百年中几年的误差。所以我不能肯定一年内气候变化，但是它肯定看上去是那样。我能坚持的是这种变化是迅速的——不是一个世纪，甚至不是一代人，但可能是一个国会的任期或者甚至更短。

　　其他记录显示了类似的巨大转变。正如保罗·梅耶夫斯基、格里格·泽林斯基（Greg Zielinski）和其他人所测量的，当降雪增多，在雪中几乎所有风吹造成的污染物成分会下降。对降雪变化的影响进行修正表明新仙女木事件时的大气相比新仙女木事件之后第一个温暖的千年，大约有多于三倍的海水盐度，多于四倍的细小尘埃颗粒和多于七倍的大尘埃颗粒，然后新仙女木事件之后第一个温暖的千年又是大约两倍的"脏"于现在温暖时期典型的千年。肯德里克·泰勒通过对这些不同记录的仔细分析发现，新仙女木事件以三个步骤结束，每一步都是5年或更少的时间，在40年内展开，但是大部分的变化发生在中间一步。在新仙女木事件结束时，会有一些"一闪而过"的状态加入进来，这实际上是一个捉摸不定的时刻。

　　这些冰的稳定同位素随着其他指标迅速地转换。对基于钻孔温度的稳定同位素记录最直接的解释就是，格陵兰岛表面在10年或者更短时间里上升了大约15 ℉。这种环境变化受完全独立的温度计支持。

空气包含了不同类型的分子以及这些不同重量的分子同位素。一般来说，风不断把这些混合在一起。如果风的混合以某种方式停止了，气体往往会分离。重的气体会停留于接近地球表面的大气层底部，更轻的气体则在上面。长期滞留的雪，被称为冰原（firn），在它们被压成冰之前，一定需要埋到200英尺左右深。风不会在此冰原层上吹，而是空气可能仍然缓慢地通过冰粒子之间的空隙进行扩散，之后在空隙内被压缩到产生气泡。因此，冰原里的气体分子可以在重力之下分离。在冰原底部被气泡捕获的空气跟上面的不同——重力会轻微地浓缩深厚空气里的重分子。这样微小浓缩的量很好地跟所知的气体动力学的预测一致。（尽管这种浓缩是如此微小，它不会影响我们关于大气温室气体历史的结论。）

这里有另外一个方式去通过重量来分离气体。如果在没有被风混合的气体中运用强烈的温度差，重的分子往往会移动到冷的一端，而轻的分子会到达热的一端。这是物理学家实验的几个概念之一，第二次世界大战期间，他们通过这些概念提取了大量的铀-同位素来制造原子弹。

设想一下，在新仙女木事件结束时，那里的冰原表面有了突然的升温。冰层表面和200英尺之下（那里，气泡被捕获）的温差导致气体按重量分离，比较重的气体通过冰原下降被捕获在气泡中。温暖的表面也会加热底下的雪和冰原，最终这将会加热保留气泡的深层冰，消除了冰原内部的温差，因此也消除了温差对气体的作用。但是气体下降时的热能一定会加热经过的冰并加热空气，所以热流比气体变化要缓慢。表面加热产生的热能会花上一个世纪以上的时间来穿过冰原下降到200英尺形成气泡的深度，但是气体会在大约十年或更短时间形成因温差而按重量分离。在变暖之后的几十年里，由于温差和重力的原因，形成于200英尺之下的气泡里会有特重的气体。随着更深的冰层被加热，温度效果会消失，只留下重力效果。

杰夫·舍夫林豪斯（Jeff Severinghaus）是一位目前在斯克里普斯海洋学研究所（the Scripps Institution of Oceanography）的地质化学家，他分析了GISP2冰芯里的气体，发现了结束新仙女木事件的暖期特重的气体。他分析了这种异常的规模和发展速度，他发现变暖是与同位素和钻孔温度——大约15℉——相关以及变暖是发生在大约十年内或者可能甚至更短的时间内。

杰夫甚至有了更大的发现。这个发现表明全球气候很多方面是与格陵兰岛结合在一起的。格陵兰岛十年间的空气成分变化与200英尺深捕获的气泡显示的变化一致，但是捕获气泡的冰存在了几个世纪。

捕获气泡的深度以及那里冰的年纪可能会有细微的差异，这取决于冰原的冷暖程度。正如暖雪比冷的雪粉更容易拿来做雪球，雪在温度高的地方能更快变成冰。捕获气泡的深度也是不同的，这取决于降雪量的多少——雪堆积越快，在它被压缩成冰之前就会堆得越深。我们有很好的例子表明，降雪和温度的变化是如何影响雪变成冰的速度，但这些模式并不完美，所以总是会在计算哪些气体样本和冰样本是在同一时期时存在一些不确定性。

杰夫·舍夫林豪斯聪明地绕过了这个不确定性。他能识别出在格陵兰岛表面突然增温的10年后被困在气泡中的气体，因为在这些气泡里的空气温度升高时会产生稍微不同的同位素成分。而且他也能发现大气成分在这种变暖的同时是否变化。

杰夫发现就在格陵兰岛变暖之后，大气中甲烷的含量升高。其中一个样本含有少量甲烷，而这标志着格陵兰岛的表面正在变暖。下一个样本大约比前面一个年轻30年，甲烷含量明显更高。（还有其他人想因为其他目的来分析冰，因此在我们获得更多的冰之前，杰夫就不能利用所有的冰来得到更好的时间分辨率。）在一个世纪左右的时间里，甲烷继续升高了大约50%。

甲烷在我们的研究中非常重要。如今，人类活动在大气中制造了大量的甲烷。在我们这么多人口的情况下，甲烷基本上是沼泽气体，由全球湿地中的细菌自然生成的。大部分的湿地不是在热带和亚热带的多雨区域，就是在北方偏远的冻土带和湿地针叶林中。许多证据表明高纬度和低纬度的湿地都很可能在扩展，这可以解释发生在新仙女木事件末期的甲烷水平升高。在新仙女木事件时，有些热带湿地干涸，有些高纬度湿地冻结或干涸，甲烷因此而减少。在格陵兰岛暖期过后，热带湿地重新被填充，极区湿地在接下来的一世纪左右消融并填充。但是格陵兰岛暖期后若干年或数十年里湿地就开始填充或消融，制造更多的甲烷。

在新仙女木时期之后的甲烷水平升高会加剧一点温室效应。格陵兰岛升温是突然的，甲烷水平升高却更为缓慢（填充或消融一片湿地需要花上一段时间，而后得到飞速制造甲烷的细菌），所以变暖最初并不是甲烷引起的。二氧化碳的水平在新仙女木期之后刚开始没有大的变化——二氧化碳在海洋中的巨大储备降低了大气中的波动，并且引起自然的二氧化碳变化趋缓，所以二氧化碳也没有导致气候变暖。在探究在新仙女木事件末期导致了变暖这个问题的原因之前，我们将需要去审视一下其他的事件。

## 现在一切聚集

从甲烷的记录中得到的真正重要的结果是新仙女木事件末期地球

陆地表面相当大的部分里气候变化，比如热带地区发生变化几乎是同时于格陵兰岛经历的突然变暖。尘埃急剧减少，海盐急剧减少，降雪量升高，全球湿地在一年里或好几十年里同时扩展。

格陵兰岛的变暖本应增加当地降雪的比率，但是对降雪变化的观测发现不只是用暖空气携带更多水蒸气的原理来解释。这暗示了变暖导致了格陵兰岛有更多风暴。但海盐和尘埃的降落表明了典型的多风特性也被降低了。可能的解释是：在暖期出现时，风暴路径——风暴更容易选择的路途——转为朝向格陵兰岛的北方。在寒冷的新仙女木事件时，风暴湿润的南部区域携带了水汽到欧洲南部，而它们干燥的北部区域给格陵兰岛吹来了尘埃。在变暖的过程中，风暴减弱但将它们的潮湿区域转向格陵兰岛。风暴一般会出现在冷暖空气交会的锋面的后面，因此这就表明了在新仙女木事件的末期冷空气/暖空气的边界移到了更靠近格陵兰岛的地方。所以，大气环流一定在巨大的区域内发生了变化。

我们很久以前就知道，新仙女木事件发生在其他地方——毕竟它是被早期研究欧洲沼泽的人发现的。但是记住大部分我们所记录的时间包含一些小的误差。如果我们就对发生在几年里的变化感兴趣，那么是很难判断这些变化最初是发生在非洲、欧洲还是发生在格陵兰，或者所有变化是否都同时发生的，因为在非洲、欧洲和格陵兰岛这些事件发生的时间的不确定性可能是一个世纪或者更长。因为冰芯汇集了一些记录，包括当地情况（降雪量、温度），区域情况（风从格陵兰岛之外刮来的尘埃和海盐）和从半球到全球的情况（空气中甲烷的浓度），冰芯使得我们获知新仙女木事件的结束是否对巨大的区域几乎同时产生了影响。答案是确实如此。

我们现在有很确凿的证据说明，在新仙女木事件时北太平洋温度降低，新西兰和安第斯山的冰川扩展到山顶，非洲的湖泊缩减，此时撒哈拉沙漠扩展到了之前肥沃的地区。尽管因为风暴的路径在它们那里转向，少数区域还是比较湿润的。但是地球在至少上千年的时间里都处在寒冷、干燥、多风的环境中，我们拥有高时间分辨率的记录的地方，新仙女木事件好像就突然结束了。例如，来自委内瑞拉海岸附近的海洋沉积物的泥芯记录了当时信风的强度。这些风混合了水，给表面的浮游生物带来了营养物，从而使得外壳形成的沉积物变成了白色。风力越强，沉积物就越白。一张委内瑞拉沉积物颜色变化的图表看上去几乎和格陵兰岛的温度变化图表一致，寒冷的格陵兰岛就对应多风的委内瑞拉。如图12.1所示，在委内瑞拉的记录中，新仙女木事件末期只持续了不到十年的时间。

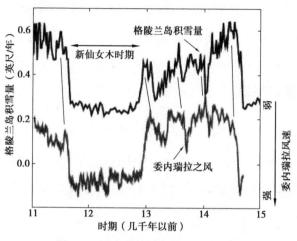

图12.1　委内瑞拉近海的风速的历史

来自康拉德·哈肯（Konrad Hughen）和同事的努力。格陵兰岛中部积雪量的历史，来自我和其他许多科学家的努力。论文引用于《来源与相关信息》。年代是独立确定的，但有一些小的误差。线条显示了记录之间可能的相关性。在新仙女木事件结束后，格陵兰岛发生了1~3年的降雪；委内瑞拉风速变化的产生在10年或更短的时间内。

　　除了大约8 200年前的一个例外，冰芯记录显示，自新仙女木事件结束以来，降雪量、温度、尘埃或甲烷并没有类似的大剧变。农业和工业兴起的一千年，相对安静和稳定。确实，气候变化对许多王国的盛衰起到了作用，先是吸引维京人去了格陵兰岛，然后又驱逐了他们，从而在其他方面影响了人类生活。但是这些影响人类历史的变化看来在冰芯记录中只有一度的变化，而不是十度的剧烈跳跃。小型气候变化对于人类的巨大影响和更大型气候变化的无可争辩的记录，足以使人深入思考，甚至让其有点儿不安了。

## 转变更多的蠕虫

新仙女木事件囊括了1 300年来席卷世界多地的寒冷、干燥和多风的情况。在新仙女木事件之后突然回归温暖，而不是缓慢的方式。但是当我们回溯过去，看一下格陵兰岛10万年的冰芯记录，新仙女木事件只是"老生常谈"。一个类似或者更加巨大的跳跃发生在大约15 000年前。然后，气候缓慢变冷，忽而扎进寒冷，忽而跳入温暖，并在进入新仙女木事件时迂回反复。正如图12.2所示的，许多的快速变化遍布于最近10万年的记录里。如果你能想象一些疯子（或者最好是人体模型），他们从一辆移动的过山车上蹦极的场面，那么你就开始想象这种气候了——过山车驶过冰期的轨道，有个蹦极的疯子在车上跳上跳下。至少一些剧烈变化表明了"一闪而过"的行为，气候在停留到其中一种状态之前，会几年里在两种状态之间跳来跳去。

在最近10万年里，只有两个不太明确的气候稳定期。第一个是冰原面积最大和世界最冷的时期。之后几千年里，格陵兰岛持续寒冷、空气持续多尘，甲烷水平保持低位。当过山车的蹦极者不能跳得更远了，就只能跳到地上，气候就可能达到最寒冷的阶段。确实很冷。格陵兰岛中部至少比现在平均要冷40 ℉以上。如果我在斯堪的纳维亚半岛中部的家有那么两筐，5月放风筝的日子将变成12月冰冻的早晨！第二个不太明确的气候稳定期是在我们生活的这段时期。在最近几千年里，格陵兰岛持续温暖，不多的尘埃吹过大气，全球湿地保持湿润并且持续产生甲烷，人类已经发现怎样在我们享受的舒适气候里去种植玉米和建造城市。

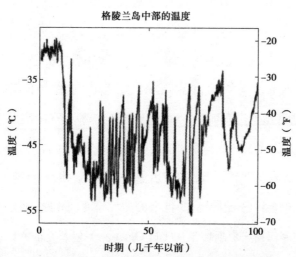

图12.2　最近数十万年以来格陵兰岛中部的温度历史

最近数十万年以来格陵兰岛中部的温度历史，冰-同位素值对钻孔温度进行了校准。使用数据来自库菲和克劳（Cuffey and Clow）1997年所写的论文。著名的新仙女木冷事件现在被看作"老生常谈"，类似的事件还有很多。当大部分世界都处在冰期最寒冷的阶段，大约2万年前温度跳跃比起一般情况要小，而且在最近几千年里，大部分世界是温暖的。右侧表示的是华氏温度，左侧为摄氏温度。

但是在最近10万年的大部分时间里，疯狂跳跃的气候已经成为规则，而不是例外。尽管存在很多变异性，缓慢的变冷之前是剧烈的变冷，持续几个世纪的寒冷，然后是剧烈的变暖，剧烈的变暖总是间隔大约1 500年。在剧烈的跳跃上，气候常常是在温暖和寒冷之间一闪而过，几年里会来一次，之后稳定下来。你大概能想象一个三岁小孩发现了电灯开关，来回迅速按动，一会儿没了兴趣，之后又开始玩了起来。

在格陵兰岛的冰层里所记录到的第一次剧烈变暖是丹麦地质化学家威利·丹斯戈德（Willi Dansgaard）及其合作者在20世纪60年代晚期和20世纪70年代早期发现的，他们的研究是基于对西北格陵兰岛的世纪营地冰芯的分析。但是，这些事件的记录发生在非常靠近河床的冰里，那里细流潺潺，因此这段历史难以卒读，水流经过岩床突起的地方可能也会将记录扰乱。20世纪80年代中期，威利·丹斯戈德和他的瑞士同事汉斯·奥斯切尔（Hans Oeschger）以及其他合作者基本上叙述了来自格陵兰岛南部的Dye 3冰芯也具有同样的历史。两个记录很难去忽略其中某一个，所以科学家团体开始注意到我们现在所称的丹斯戈德－奥斯切尔事件或者周期（Dansgaard－Oeschger events or cycles），它是为纪念这些先驱者而命名的。不过，Dye 3也有非常靠近河床的有意思的冰，那里的冰流使得记录很难解读。

为了发现在远远离开河床并处于优质情况下的丹斯戈德－奥斯切

尔旋回记录，我们的格陵兰岛中部冰芯是从格陵兰岛最佳的部分进行钻探得到的。这样两个钻探得到的冰芯让我们可以来比较，从而消除关于记录质量的疑问。所以我们现在有信心讲述最近约11万年这些气候的快速变化。

但是新知识总是带来新问题。最近的冰期是唯一有丹斯戈德-奥斯切尔旋回的吗？或者这样的周期在之前也曾发生过吗？所有的暖期都稳定吗？稳定期可以持续多久？我们好天气的运气是否基本已经结束了？

我们在格陵兰岛中部不能回答大部分这样的问题。高降雪率使我们能去识别和计算出最近11万年的历史使得这块冰原变得巨大而陡峭，于是它将大范围的陈冰变薄，从而可以如此快速地移动。两个格陵兰岛冰芯年龄都是比11万年更大，要么被折叠要么被扰乱，气候记录不再具有连续性。当我写到这里的时候，一个占主要地位的欧洲财团致力于北方格陵兰岛冰盖计划（NorthGRIP）项目，在格陵兰岛中部冰芯提取地以北较低积雪的地区获得冰芯，希望能发现上一个暖期的完整历史。从南极洲那些甚少降雪量的地方提取的冰芯提供了对更长时期的深刻认识。但对于真正长期的记录，而且了解到海洋过程并不被记录在冰芯里，我们就要回到海底。虽然蠕虫搅动了海洋中的大量淤泥，有些沉积物是不错的蠕虫藏身之处。一些科学家已经发现了这样的泥芯。比如哥伦比亚大学拉蒙特·道赫提地球实验室

（Lamont-Doherty Earth Observatory of Columbia University）的地质学家杰拉德·邦德（Gerard Bond）。

杰拉德·邦德通过比较在他的泥芯里喜寒和喜暖生物外壳的丰度，测量了过去北大西洋的寒冷程度。他也计算了他的泥芯里岩石的数量。尘埃吹过海洋，偶尔海冰或浮木会移动岩石，但唯一可知可以将巨大的岩石移动到大西洋中间的方式是让它们在冰山的底部漂流，然后当冰山融化时释放它们。可靠的是，杰拉德的记录与来自格陵兰岛的冰芯记录几乎是一致的。格陵兰岛与北大西洋的表面寒冷同步，而北大西洋的表面的温暖也与格陵兰岛的温暖一致。在最近冰期里普遍变冷和之后的变暖时期，北大西洋经历了多次剧烈的变冷和变暖，每一次剧烈的变暖一般是与前一次相隔1 500年，尽管这也有很大的变异率。

在比较了海洋和冰的记录之后，杰拉德·邦德注意到了另一个周期。在陆地和海洋上，在一次范围特别大的变暖之后，下一个1 500年后就没有那么暖了，而在下一个1 500年和下下个1 500之后会有一定的变冷。在三、四或五个持续变冷的丹斯戈德-奥斯切尔旋回之后，这里会有另一个真正大范围的变暖。而且就在大范围变暖之前的最冷时刻也是北大西洋上冰山泛滥的时期。这种模式不会每次完美复制，它会在19 000年、23 000年和41 000年轨道周期所重现，这些轨道周期有时是跟变暖相关，从而抵制了之后的丹斯戈德-奥斯切尔旋回进入变冷趋势。但是，大部分的研究者认为这个模式是气候系统一个重要组成部分。

## 净化与冰冻的西班牙无敌舰队

几千年寒冷的停滞期导致了冰山泛滥，然后是几年以及数十年惊人的变暖，现在被称为邦德周期而闻名。许多研究者疯狂地花了几年时间去解释这种奇怪的模式。我们将试着跟随他们的足迹。

北大西洋的大部分沉积物至少包含了一点冰山漂移带来的碎屑物，更冷年代的沉积物有更多冰山带来的岩石。但是，一些异常的层次几乎完全是冰山漂移带来的碎屑物。德国研究者哈特穆特·海德里希（Hartmut Heinrich），从最近10万年的沉积物里发现了六个这样的显著层次（见图12.3）。

这些海德里希层次遍布北大西洋。在海洋东侧，每一层只有一英寸厚，但在哈德逊湾北部和西部，这种碎片层变厚，在湾口外边厚度超过1英尺。在海德里希层的薄边缘会找到许多来自北大西洋附近陆地的岩石，但地层较厚的部分主要是哈德逊湾及其周边常见的岩石类型，不过其他地方很少有这样的情况。当海洋异常寒冷时，这些层次沉积得会非常迅速。

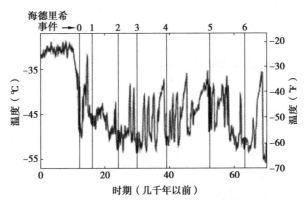

图 12.3　连续冷跃变中稳定发展的变冷周期

图 12.3 显示了格陵兰岛中部的温度历史，海德里希事件的时期（编号为 1-6，加上新仙女木事件——常常被称为海德里希事件 0，因为 1 到 6 已经被用了，没有人想给它们重新编号），正如杰拉德·邦德所确认的。杰拉德也发现了连续冷跃变中稳定发展的变冷周期，它是在一次海德里希事件和一次特别大范围变暖之后，也就是我们所称的邦德循环。

　　杰拉德·邦德表示了就在每一个海德里希层之后，一个特别的暖期出现了，温度然后就徘徊在更寒冷的情况里直到下一个海德里希层出现。现在轮到芝加哥大学的道戈·麦克阿耶尔（Doug MacAyeal）来解释冰山和碎片的大规模快速倾泻，这制造了海德里希层，间接地也形成了邦德循环（见图 12.4）。

　　当地球的轨道运行导致了北半球的夏季阳光较少，降雪会在哈德逊湾周围的加拿大高地开始形成冰原。这些区域有着永久冻土——即使在温暖的气候里，年平均温度也在零度以下，地面的一层全年冰冻，尽管有些温暖的夏季会让积雪和地面最上面的冰层融化，非常深的地下冰层却是为地热所融化。更加寒冷的夏季会让雪一直保留，然后形成冰川，但一开始那些冰会冻结到地下寒冷的永冻层。当冰原变厚时，寒冷的冰就会吸收冰期的降雪，慢慢地从高地扩展乃至充满哈德逊湾。流动的冰会携带它蕴含的寒冷，就像你用从地下室拿来的冰水在大热天冲凉一样，所以充满了哈德逊湾的冰会被冻结到湾底的淤泥和岩石。

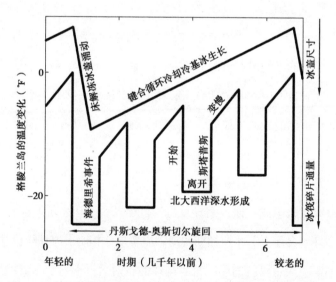

图12.4　在邦德周期里北大西洋地区概念上温度和冰原的变化史

连续的丹斯戈德–奥斯切尔旋回是由北大西洋海水在高纬度北方的沉降导致的，随着哈德逊湾的底冻冰原的增长，丹斯戈德–奥斯切尔旋回逐渐变冷。然后这些冰的底面融化，海德里希事件激增，将大量包含岩石碎片的冰山倾倒到北大西洋。当这种激增结束时，冰原冻结到它的底部，而这时海洋环流恢复并导致远离冰原特别大范围的变暖。

在陆地表面堆起冰来往往会吸收地球的热量，就像你用一堆毯子把热量保持在你周围，而不是让热能散发到空气中一样。更多的冰起到的作用和毯子是一样的。如果你被捂得太深了，你会感到你正在融化——如果陆地被捂得太深了，底部的冰也会这样。

哈德逊湾的冰会经由几个丹斯戈德-奥斯切尔旋回而建立起来，在冷期生长迅速，而在暖期生长缓慢，直到冰层厚到足够去吸收充足的地球热量来融化冰床。然后，淤泥、石头和水会让冰在更深的岩床上非常快速"滑行"，把冰山、它们的淤泥与石头倾泻进北大西洋。就在几个世纪的时间里，哈德逊湾会"清除"其上千年来"暴食"得到的冰山。来自冰山的淤泥和石头解释了海德里希层的形成原因，而冰山会冻结海洋的表面。最终，当冰变薄的时候，它的冷表面层会移动到冰床附近，然后再次和它冻结起来。然后，冰的运动将几乎停止，冰原将开始下一周期的积累。

只有在轨道或其他改变导致气候过热以致不让冰层再次积累时，这种循环才会停止。冰期初期的海因里希事件相比于冰期峰值期，时间上间隔更大，可能的原因是当地球的轨道运行不利于冰层生长时，会花更长的时间来变厚。

当冰原在哈德逊湾里扩张时，大块的冰会把风推向一边，随着冷空气流向侧面来降低它周围的温度。在一次净化之后，少量残留在哈德逊湾的冰会让周围出现温度较高的情况。哈德逊湾的冰缓慢增长和迅速收缩可以解释邦德周期中的缓慢降温和迅速升温，此时海德里希事件处于最冷的时间。

哈德逊湾里的冰足以让冰山在北大西洋泛滥，但这只是覆盖几乎整个加拿大和美国宾夕法尼亚州北部（the northern tier）巨大冰原的一部分。哈德逊湾海床南部的抬升显然导致它的冰层变得更厚和更暖，以致底部的冰融化得比其他地方的冰更快。哈德逊湾的冰因此就每几千年就会振荡一次，大块的北美洲冰原在轨道缓慢变化的数万年时间尺度上发生变化。

## 溜溜球

到目前为止，它很难一直保持记录，所以让我们回顾一下。在最近的100万年里，当我们进入全球寒冷的冰期时，冰生长了大约9万年，其中会有一些小的摆动，大约相距19 000年、23 000年和41 000年。之后当我们进入温暖的间冰期时，冰会在1万年里缩减。这种模式重复着，周而复始，是对受地球轨道运行特性影响的太阳光照的响应。在最冷和最热的时间里，气候在大部分时间里接近稳定（尽管仍然有些变化）。但在最近10万年的冷期降温和冰期变暖的时间里（正如我们将看到，至少在过去数百万年的大部分时间里），北大西洋的气候在几个寒冷世纪和几个温暖世纪之间跳动。通过几个丹斯戈德–奥斯切尔旋回，每一个暖事件都会比前一个稍微冷一些。然后哈德逊湾的冰原突然在一个海德里希事件里就把大量冰山倾泻入北大西洋。下一次升温尤其剧烈，然后预示着逐渐变冷事件的邦德周期重新开启。你可以想象在轨道铁轨上的过山车，以海德里希-邦德式蹦极跳出过山车，轨迹就像丹斯戈德-奥斯切尔式溜溜球。

大约2万年前，最近的轨道周期达到了冰期最冷的时候，之后有1万年的变暖趋势，达到我们当前潮湿、稳定的气候。变暖的趋势被几次剧烈的变暖和变冷的事件所不时打断。气候变冷进入新仙女木事件——巨变中最后出现的时期——大约12 800年之前，然后在大约11 500年前再次变暖。因为新仙女木事件发生在整个世界从最近一次冰期的深渊开始变暖之后，新仙女木事件时期的冰山融化得更快，而且不像以前更古老的冰山那样把岩石携带到更远的地方。但在靠近哈德逊湾的许多地方，新仙女木事件看上去就像第七次海因里希事件。

我们花了许多精力去跟踪全球新仙女木事件的踪迹，如前所述得到了相当大的成功。更早之前的丹斯戈德-奥斯切尔和海因里希-邦德周期的记号已经很难得到了。许多新仙女木事件的记录来自被冰川所镂空的湖泊和沼泽，而冰川在新仙女木事件之前只是融化了一点点，所以这些湖泊和沼泽并没有更加古老的记录。其他记录越陈旧就变得越难去定年，所以相关性也越难获得。不过最终，这幅图景却开始变得越来越清晰。

目前获得的可靠数据显示在格陵兰岛和北大西洋周边的丹斯戈

德–奥斯切尔震荡和海因里希–邦德震荡的冷期也是干、冷和多风的，这个广阔的区域扩展到了亚热带的非洲和亚洲，并横扫欧洲和北美洲。虽然当风暴路径从一个区域转移到其他区域时，后者会变得更加湿润，而前者会变得特别干旱，但是世界很多地方可能会变得越来越干，因为变冷减少了水的蒸发。由于水蒸气的温室气体效应，因此总体的干旱化会带来变冷的加剧。

海因里希事件，包括新仙女木事件，比起非海因里希的丹斯戈德–奥斯切尔震荡，会留下范围更大的"足迹"，在全球留下海因里希印记，而不止在一个半球。但真正奇怪的是，在高纬度南大西洋和部分印度洋和南大西洋的南极下风区，这些海因里希事件是温暖而非寒冷的。而海因里希事件在南极洲至少一个地方和世界其他大部分地区是寒冷的。解决这个谜团将告诉我们更多关于这些事件的起因，这会在后面几章里进行讨论。

但是，在认识到这些起因之前，我们应该认识到两点。第一，研究工作在一个里程碑式的目标上开展，即定位和研究未被挖洞蠕虫所搅动的海洋沉积物的长期记录。这需要大量的努力，获取许多微小的样本，并用不同的方式分析它们。这些记录中的上端表示了从冰芯中得到了熟悉的溜溜球/蹦极/过山车气候。而这些记录中的更深层、更古老的部分表现了同样的方面。在最近100万年的大部分时间里，甚至可能在更长的时间里，这个常数一直在变化。当前这段时期的稳定气候是有记录以来最长的。

同样令人困惑的是，当前的温暖时期无论怎样都并非完美稳定。毕竟，气候变化驱使维京人离开了格陵兰岛，也让"流奶和蜜之地"干涸了，在我们有文字记录的历史中，还在其他方面一直困扰着人类。一些较接近现在的改变与北大西洋微弱的变冷和变暖有关。令人惊奇的是，在较接近现在的这段时期，尽管北大西洋的改变比起海因里希–邦德周期的大跃变要小很多和慢很多，这些较接近现在的变化有着同样约1 500年的跨度。几乎可以肯定的是这为探讨这些事件的发生原因提供了重要的线索，我们将在后面再来讨论。

直到现在，我们掌握的、令人疑惑的数据已经足够多。当其他气候历史学家和我一起面对这些精彩的研究结果时，我们意识到我们不得不学习更多关于气候系统的知识，这样才能讲得通冰和其他沉积物所述说的故事。未来，你也可以加入我们。

# 第四部分

# 怪异的原因

过去的地球气候为什么会发生跃变

# 13
# 气候的作用

/

　　格陵兰岛冰芯和其他的记录显示：气候变化之巨大和快速足以吓倒文明社会的人类，这样的气候变化在过去重复地发生，我们的文明兴起是在一个异常稳定的时期里。我们会想了解气候跃变以知晓它们是否会重新出现，以及人类行为的改变是否会导致气候跃变的可能性降低。

　　这些跃变发生在地球狂野般复杂并相互联系时期，在反馈-主导的气候系统里，大气、海洋、冰、陆地表面和生物会相互作用，而地球所在的太阳系会促使天气预报员和气候科学家心境放宽。在这一章里，我们会快速概览一下地球气候运行的规律。然后在下一章，我们会用这些知识去探索是什么导致的气候突变。

　　简单地说，地球赤道接收的太阳光很多，而极地接收的太阳光稀少。这种不平衡推动了气流和洋流，将额外的热量从赤道带到了极地。因为地球在它们的影响之下自转，气流往往会以漩涡的方式移动，而不是直接进入极地。狭窄的北大西洋只允许洋流去"靠近"大陆和流向北方而不是转向，使得北大西洋异常温暖。但是如果加入更多的淡水，北大西洋暖流可能就会停下来，从而带来严重的后果。

## 平衡这些收支

地球从宇宙空间得到了大部分能量。大气顶部的太阳光照为地球上每个桌面大小的区域提供的能量相当于三或四个灯泡的亮度（大约每平方米340瓦）。而从地底深处供应的地热几乎只有万分之一（每平方米只有大约0.05瓦），需要整个足球场区域的热能之和。因此，虽然地热会被困住并融化2英里深冰堆下的冰，但是地热真的对大气没有太多直接的影响。

到达地球的大约30%的阳光，会被云层、雪或沙漠颗粒直接反射回到宇宙空间，根本就不会给地球加热，只有剩下的阳光会加热地球。

一切物质每时每刻都在辐射热量。热的物体会辐射出更多能量，而且波长更短。如果你观察过电炉，你就会知道，当炉子变暖时，你会看到炉子发出的光，从波长较长的深红色变成波长较短的橘红色。如果继续加热炉子，它将会发出波长更短的黄光，然后是白光。如果你的眼睛能够看到红外光（更长的波长），你会发现，即使在室温或更低的温度之下，炉子也会以长波发出微光，其他物质也是如此。

无论地球温度如何，它都会向宇宙空间反射它接收的能量。如果反射回去的能量比接收的能量更少，地球就会变暖，这时"地球发的光"更亮，就会辐射更多的能量，直到达到新的平衡。如果到达地球的能量较少，地球将反射比接收的更多的能量，地球就会冷却，并辐射更少的亮光，直到再次达到平衡。这是非常重要的负反馈或者说稳定性反馈，来帮助调节气候。

地球辐射到宇宙空间的能量大多是人类不可见的长波，而来自太阳的能量大多是人类可见的短波，但反射回去的能量几乎精确地等于从太阳接受的总能量。这非常类似于汽车厂，它接收小零件（轮子、螺栓和无线天线之类）和输出大产品（汽车），每个大产品（汽车）等于它接收的小零件之和，以防止溢出。

如果太阳变得更亮，或者地球离太阳更近，我们会接收到更多的阳光，就会变暖。地球自转轴与公转轨道平面有一定的倾角，阳光有时直射北回归线，有时直射南回归线，但这些对地球接收到阳光的总量没有大的影响。太阳输出的能量会有一些变化，但可能在几百年到几千年的时间跨度上变化不大。因此，在对人类社会重要的时间尺度上，到达我们大气层顶端的阳光量变化不大，改变整个地球平均温度的方式是要么改变地球的反照率，要么提高地球辐射逃逸率。

阳光被反射回宇宙空间的程度被称为反照率，可以从 0（没有反射，所有都被吸收，这就是热的地球）到100%（所有都被反射，没有吸收，这就是冷的地球）。如果地球反射的能量少，接收的能量多，地球就会变暖，直到反射的能量和接收的能量相等。云，尤其是接近地表的厚云反射了大量的阳光——如果你在晴朗的白天从飞机上往下看云，它们看起来很明亮，因为它将太阳光反射回了宇宙空间。高反照率、厚厚的低云会加热地球。雪和冰跟云一样会反射阳光，所以如果加热过程令雪和冰融化，地球会在冰-反照率正向反馈的情况下吸收更多的阳光从而升高一点温度。

另一种使地球变暖的方式是去阻挡一些长波辐射。如果我们突然建立了这样一个障碍，地球就会接收比反射到宇宙空间更多的辐射，于是地球表面会升高温度。这种暖化将增加试图"突破封锁"的外向能量，直到达成新的平衡，大部分变化会在几天内完成。

如果你在床上感觉到冷，你会通过盖上毯子或其他的方式来阻止一部分热量流失。地球的"毯子"就是大气层，水汽尤其重要。地球反射的较短波长的光可以轻而易举地穿过水汽，但地球反射的较长波长的光被空气中的水分子阻挡，从而加热了大气及其底下的地表。大气中一些水和其他分子吸收了那些足以引起分子摆动、振动和旋转的较长波长的光，而能量更高或较短波长的光会通过大气反射回宇宙空间。比较类似的是，你的汽车轮胎经历了小小的碰撞（沙粒）和大的障碍（山脉），但会"被卡"在大小介于两者之间的障碍物中（坑洞）。

空气中一些气体倾向于吸收逃逸的辐射，"用毯子包裹"地球并且加热它，这被称为"温室效应"——一个会让阳光更容易进入，其他能量较难出去的温室，导致温室比周围更暖。虽然水汽是最重要的，但二氧化碳、甲烷和其他气体也对温室效应有贡献。没有温室效应，许多地表会永久冰冻，我们会不快乐（如果我们还幸存的话）。自然变化已经在这个星球的反照率和温室效应的作用下发生，自然和人为的变化也正在发生，并将继续发生。

## 直放旋转轴

温室效应和地球反照率帮助我们控制了温度，但简单的几何学却是我们了解天气最重要的因素。行星的曲率引起了极地阳光以"偏斜"的方式在一个更广大的区域传播一定数量的阳光而不是在赤道（见图13.1）。宇宙空间全方位包围了地球，所以极地和赤道能轻易地将能量辐射到宇宙空间。因为极地接收的能量更少却同样要辐射，所以它们比赤道更加寒冷。（赤道也会比极地更靠近太阳，但只有0.004%的距离差别，这太微不足道了。）

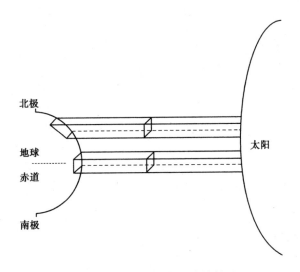

**图13.1　地球的曲率与阳光的关系**

地球的曲率导致了一定数量的阳光在一个接近极地而非赤道更广大的区域传播。这引起极地变得寒冷而赤道变得炎热。

　　如果我们没有大气和海洋，赤道对于人类而言会过热，而高纬度和极地又太冷。幸运地，我们拥有空气和水，它们从赤道转移一些热量到极地。热带地区地表的空气被加热，扩散、升高，然后流向极地。这部分热空气在途中冷却，部分是通过辐射热量到宇宙空间，部分是通过加热陆地或者底下的水体，让它们辐射热量到宇宙空间。

　　气候可能就是如此简单——热空气在赤道升高，流向其他地方，加热其他更冷的地方，在极地下降，回到赤道又被加热起来。但因为地球绕它的自转轴旋转，向极地移动的热空气会低效地在陆地上旋转，保持极地和赤道之间巨大的温差。

如果沿着地球赤道行走和游泳，你会在旅行2 5000英里后回到你的起点。但如果绕着北极圈或南极圈行走，你会在旅行10000英里后回到起点。而在南极点或北极点，只需三步就可以回到起点。如果你站在赤道上一动不动，地球的自转会带你一天向东行进25 000英里，以每小时大于1 000英里的速度带你看到太阳（日出），位于太阳之下（正午），进入日落，然后又是日出。在北极圈或者南极圈，同样的我随着地球自转，一天会行进10 000英里，或者每小时走400英里。在南极点或北极点，你不需要动，你都会绕着自己的脊柱转。

然后，如果你站在赤道上，你不会受到时速上千英里的风的冲击。空气会和地球表面的树木、山脉和水波相互作用，于是具有和地球表面一样的移动速度。这是液体和气体的一种奇特属性，风也不例外，当它们非常接近一个移动的物体，往往会随着物体表面而运动。没有一个表面是绝对光滑的，摩擦力会拖拽着流体一起运动（空气与表面发生的化学反应也是如此）。因此，当你驾驶汽车在高速公路上以时速60英里的速度行进时，灰尘和飞虫也不会从挡风玻璃上被吹走，尽管事实上时速60英里的风会更多地带来灰尘和飞虫——非常靠近挡风玻璃时风的速度会降为零。同样地，时速100英里的棒球投球手能投出一个沾满土的球，当它撞击到接球手的手套，土仍然留在球上。赤道附近的空气由于地球自转以大约1 000英里时速向东移动，但北极圈附近的空气只是以每小时大约400英里的速度向东移动，而贴近北极极点的空气并不会被地球自转所带动。

使地球旋转的力是科里奥利力，科里奥利力使得风在地面发生转向。假设你在赤道上方看到一个静止的气块，其实它正以每小时1 000英里的速度向东移动。如果这团气块开始向北移动，它将经过以时速900英里的速度旋转的大地，接着是以时速800英里的速度旋转的大地，然后又是以时速700英里的速度旋转的大地。但远在树木、山脉和水波之上的气块，需要一段时间才能因与它们的摩擦而逐渐大幅减慢速度，因此会继续以时速大约1 000英里的速度向东移动。如果你站在赤道，看到从你身边飘向美国的气块，你会发现气块向东移动的速度比它底下的地面更快，因此看起来它就会向右弯曲，"赶在"地面的前面。如果你站在北极圈，看到从身边向南移的气块，你很快会发现它脚下的大地比气块东移得更快，所以气块看起来会滞后于大地，好像又向右转。远离你的气块在北半球看上去都在向右转，而在南半球则是向左转。

科里奥利力效应有一些很有意思的影响。风倾向于从高气压的地方吹向低压的地方，在北半球，高压风的转向从上面看的，会形成顺时针涡旋。而进入低压中心的风，例如飓风，会在北半球转向形成逆时针的气流。在南半球则是相反的转动，从上往下看，低气压风暴是顺时针的，流出高气压区域的气流是逆时针的。（跟我们可能听到的描述相反，你的浴缸或水池的转速差别太微小，导致水漩涡进入下水道所形成的低压系统跟水盆的设计相关性更大，而非科里奥利力效应。我已经观察到了在无论哪个半球，液体流进不同的下水道时，旋转既可以是顺时针又可以是逆时针的。）

空气在热带上升，流向极地时冷却，而且开始发生转向以致它不能直接到达极地。最后，热空气就在"赤道无风带"或者"回归线无风带"下降，这些区域位于距离极地大约1/3处的地方，空气下降后开始流回到赤道，再一次发生转向成为信风，如图13.2所示。如果你喜欢精致的名字，空气在赤道附近的赤道间辐合带上升，从辐合带到赤道无风带再回来的完整循环，这就是哈德莱环流。

当上面的更多空气形成的压力释放时，上升气流扩展开来。而当上面的更多空气流入，下沉气流会被压缩。空气扩散时冷却，压缩时升温，正如高压自行车车胎被扎破时，空气冲出会产生冷却效应，而你用打气筒去重新给修补好的轮胎打气会产生加热效应。气体上升的冷却引起了水蒸气的凝结，行云致雨，所以就有了靠近赤道辐合带的中非和巴西的雨林。雨林也会在气流遇山而强迫上升的位置形成，比如美国西海岸和新西兰的岛屿一带。气体下降的变暖导致了蒸发，产生了位于赤道无风带的撒哈拉沙漠和卡拉哈里沙漠。沙漠也会在气流遇山下沉的地带形成，正如死亡谷和美国山麓以东的其他区域，以及新西兰的汤加里罗东部的沙漠和附近的火山。

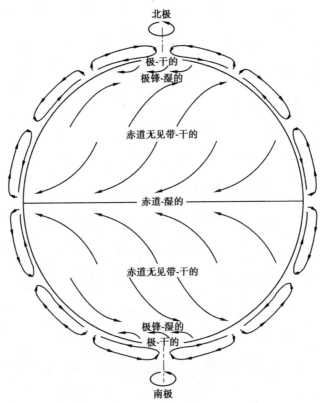

**图13.2　地球大气环流的极简示意图**

这张图描绘的是在地球的圆形轮廓内，地面风的风向，它们回流的垂直廓线在地球轮廓周围的走向。如图所示，空气上升的区域往往是湿的，而空气下沉的区域往往是干的。如极地附近的箭头所示，地表风的风向是地球自转引起的。

　　再往极地看，会有另一个"热力驱动"的环流，空气上升、向极地移动，然后在极地环流里再次下降。在哈德莱环流和极地环流之间，跨过欧洲、北美和澳大利亚与新西兰的部分地区，平均的空气流动与期望相反，下沉运动靠近赤道，上升运动远离赤道，指向极地的运动在地球表面，而指向赤道的运动在高空。但是假如你把不同的"循环"看作齿轮的话，你会看到中间的循环一定会尽到责任，"往后转"来连接那些靠近赤道和极地的"往前转"流动。指向极地地表流动的科里奥利力转向向世界提供了"盛行的偏西风"，导致新西兰和美国的山脉西面都是潮湿的。锋面出现在指向极区和指向赤道的运动气流汇集之处，而且这些锋面的摇摆会产生许多风暴，使得天气预报变得有趣。

所有这些复杂性最终是地球气候控制系统的一部分，通过运送一些多余的能量到极区来使其升温，来冷却赤道。但大气只能运送大约一半的热量，另外一半是通过海洋运送。在某种方式上，海洋环流甚至比大气环流更加复杂，因为海洋环流可能是风、水温差或盐度差所推动。我们会发现，记录在格陵兰岛冰芯里疯狂的气候故事源于海洋温度和盐度的互相影响。

## 翻转海洋

对着咖啡杯吹气，你会看到你的"风"会拖拽一些咖啡到杯子的另一边。你的"咖啡流"会在杯子的另一边分开，然后沿着杯壁回来，一些地方的水位会下降。接近杯子的一边，一些"上涌水流"出现了，下面的咖啡会来到表面，在杯壁附近汇入水流。

信风吹过海洋的"咖啡杯"，从非洲经过大西洋来到巴西，从秘鲁通过太平洋直抵澳大利亚。这些风拖拽着水一起移动。这些水流在非洲和南美的西岸留下部分"真空"或低压区域，它们会被水下上涌的水流和沿着海岸的表面水流所补充。

另外，北半球和南半球的信风互相吹向赤道以补充赤道辐合带的上升气流。科里奥利力效应可以用在空气里，也可以用于水中，它使得水流在北半球移往风向的右边，在南半球移往风向的左边。正如信风向西流动，并且朝向赤道，它们会使得海流向西流动并离开赤道，让更多的水从下面上升来补充这个缺口。赤道附近的水流被太阳加热的程度，比起地球的其他地方都要强烈，所以迫使水流离开热带是地球系统转移过多地球热量到极地的另一种方式。许多水流向北移动，形成了大西洋的大海湾流和太平洋的黑潮，而巴西洋流和其他洋流则流向南方，有点类似于在你的吹动下咖啡在咖啡杯壁周围的流动。

就像极地的冷空气下沉到了大气层底部一样，极地冷水也会下降到大洋底部，极地之水几乎充满了整个海洋，中低纬度的海水在顶部只留下了薄薄的暖层。但海洋具有另一种化合物——盐。一勺糖倒入你的咖啡会下沉，同时会带上一些咖啡一起下沉。如果你足够疯狂，加入盐水到你的咖啡里，盐水一样也会下沉。在大洋或者咖啡杯里密度最大的水会下沉并形成水流，即使没有风吹，水流能够通过变冷或盐度加大而变得密度更大。

蒸发会留下盐，并从海洋表面来获取淡水；这些淡水最终会通过降水、大陆河流和冰山融化回到海洋。如果蒸发超过了回流，那个地方海洋表面的水会变得更咸。如果回流超过了蒸发，海洋表面会变得更淡。这些改变是微小的——波浪、风暴和洋流往往会混合海洋中的淡水和咸水，这和你用勺子搅拌糖进入咖啡的方式来消除差异是一样的——但这些差异也是真的。

今天，大西洋表面的水一般来说比太平洋、印度洋或北冰洋表面的水更咸。大西洋咸度高可能是因为信风向西吹过中美洲的低而狭窄的陆地，携带大西洋上蒸发的水汽，然后在太平洋上降落。信风从太平洋上吹来，需要越过印度洋和非洲到达大西洋，所以很难将水回流大西洋里。

无论是什么原因，大西洋有着高盐度和高密度的水。在接近南极和北大西洋更远的地方，盐水会冷却，它会变成世界上海洋里密度最高的水，所以就会下沉到底部。最终，海洋的搅拌和混合会让这种深水变得温度稍高、盐度更低（尽管仍然是冷的和高咸的），于是它会从深海上升，又被更冷、更咸的水所代替。

在极地附近冷却和下沉的水一定会在某些地方储存能量。最终这些热量会散失于宇宙空间，但一开始这些水体会加热上面的空气。这种水-冷却/水-加热的过程大部分发生在秋季和冬季，那时空气比水更冷。

生活在美国和加拿大的大湖区下风口的人都知道，当凛冽的北极寒风吹过湖上的开阔水面，风会变得更温暖和更湿润，然后会在纽约州的布法罗和宾夕法尼亚州的伊利市倾倒它们新获得的水蒸气和热量。而此时大平原地区会经受干燥、40 ℉以下的天气，只需在冰点以下几度，白色毯子之下的"雪带"就会消失。

类似的效应还发生在北大西洋的下风区。英国玫瑰苗壮成长，而在同纬度的哈德逊湾附近却住着北极熊，因为英国冬季受北大西洋的影响而变得温暖和湿润。温暖、高盐的洋流进入了北大西洋，在大气中散失了它们的热量，然后下沉几英里进入深海，为更多的暖水腾出空间。

在极寒的冬季，大湖区发生冻结，布法罗会突然变得寒冷、干燥和清澈。尽管海水会冻结变成海冰，比起在南极和北极附近许多地方冻结的海冰，北大西洋的部分地区现在还没有封冻。我们很快发现大湖区会告诉我们很多关于过去气候的事实，超出我们的意料。

把北大西洋看作超市付款台上传送带的末端，这样来思考非常有用。来自哥伦比亚大学兰伯特-多赫缇地球实验室的伟大地球化学家维里·布雷克（Wally Broecker）支持这样的类比。比起其他人，维里对于科学聚焦气候突变更具有责任感。他一直致力于研究年代测定技术和气候重建模型以及解释那些他已经重建和定年的事件。他的许多工作是与海洋沉积物有关，但他对冰芯、花粉、湖泊沉积物和其他记录材料感兴趣。他命名和推广了海因里希-邦德周期。几乎每个研究气候变化的人，要么和维里一起工作过，要么曾经有过好的想法，然后发现维里已经抢先了，或者两者兼而有之。

维里·布雷克尤其以生成数据和模型的综合而著名，并写下概览来促使科学家决意证明他是正确的还是错误的。一些科学家将这些非常重要的建构方法称为范式，而我却发现把它们想象成"漫画"会更加容易，提取大量引起巨大争议的现实，把它们放到我们可以讨论、测试和利用的形式中。当一些海洋洋流方面的专家听到将海洋环流比作传送带时，他们会咬牙切齿，因为海洋实际上比这张漫画所展现的复杂得多。

简单来说，温度高和盐度高的海水顺着大西洋的表面流向北方，冷却、下沉，然后在深海向南流动。这股水流最终汇入印度洋和太平洋的深处，当其他海水混入之后变成了温度更高和盐度更低的海水。这些深处的海水之后上升到印度洋和太平洋的表面以及南极附近的一些地方。南极的海水一部分再次下沉，但是很多海水在表面回流到大西洋，温度和盐度都升高，此时它们向北流动经过赤道，又在北大西洋下沉，花了大约一千年完成了巨大的传送带循环。热量和水汽被这个传送带吸收注入北大西洋上空的大气中——为欧洲人收纳热量和水汽。

许多人想知道为什么人们如此关注北大西洋。北太平洋的海水盐度太低了，不会有太多的下沉，所以人们的注意力不会指向那里。但在南极发生的较冷的海水的下沉和在北大西洋发生的一样多，那为什么人们也不去关注南极呢？

令人惊奇的答案是德雷克海峡，这是南美洲和南极洲之间的一段风暴肆虐的晕船地带。（我曾乘坐一艘小型科研船横渡德雷克海峡，我记录了自己的晕船经历。）为了让温暖的表面海水从南大西洋流入南极，科里奥利力效应会使水流向左转向，在南部大陆周围形成一个巨大的环，即南极的极圈洋流。流向极区的水流需要"依靠"陆地，以致科里奥利力效应就不会使这股海流转向。狭窄的北大西洋有足够多的大陆可供海流依靠，因此，海表的暖水能够流到更远的北方。但是海表的暖水不能穿过德雷克海峡或者其他南半球大洋更广阔的区域。向南流至南极的海流只在一英里之下，比德雷克海峡的海底还深，才比较有效率，在那里水流能够"依靠"海底的隆起而流到南方。

流向南极的位于一英里深的海水温度已经很低和盐度很高了。这些寒冷和盐度高的海水上升到南极表面，通过向大气释放一些热量而使温度略微降低，盐度也略微降低，这是因为海洋表面水的冻结会产生低盐度的冰，所以在水里留下多余的盐。这些温度更低、盐度更高的水之后会下沉到深海。所以虽然世界海洋的深水在南半球和北半球区域都会形成，对于大气乃至世界气候的影响，在北半球更加巨大，在那里温水会变冷，而在南半球，是已经冷了的水变得更冷而已。

因此，地球气候的任务是将赤道的热量移动到极地。大气和海洋都参与其中，移动着类似数量的热量。我们在下一章将看到，因为海洋洋流依赖于盐度与温度，所以海洋热能传送才会有如此剧烈的变化。

# 14
# 一条混乱的传送带？

/

　　货物传送带一般情况下都正常运转，但偶尔也会失灵。波澜壮阔的大洋传送带也会偶尔失灵，把世界带入出乎意料的崭新气候。

　　假设你想停下货物的传送带。你可以站在这个商店的特价、限时优惠、40美元自选餐具的区域，抓起一把叉子，把它插到这个机器里。好办法是把这把叉子插进传送带下降的缝隙里，传送带试图将这把叉子拉下来，却被它卡住了，这可能导致传送带因拉得过紧而停止。

　　同样，最容易影响全球大洋传送带的地方是位于北大西洋的下沉点。如果北大西洋表面的盐度小一点的话，它的海水就不会变冷以致下沉——它会因变得冰冷而冻结，而不会像深水那样密度高。然后，暖水不会流向北方去取代下降的海水，欧洲的冬天会从暖湿转换到干冷，于是北极熊可能会代替大不列颠群岛北部的玫瑰。就像美国–加拿大大湖区的冻结会使布法罗变得非常寒冷，北大西洋的冻结也会使冰岛愈加冰冷。

北大西洋实际上总是处于一种微妙的平衡状态。热带海洋向北大西洋传送温暖、高盐度的海水，且热带地区将大气中的水汽向北输送，在陆地和海洋上形成降雨和降雪。海洋表面的高盐度海水在离开热带后流向北方，然后它从河流和雨水中获得了比在蒸发过程中失去的更多淡水。表层的海水是在一场竞赛中——如果冷却过程比淡化过程更快的话，下沉运动就会发生在更偏远的北方；如果淡化过程更快的话，海水就会被困在表层。

假设把稍微多一点的淡水运送到北大西洋，可能会产生更多的降雨或者融冰，或者江河径流。许多研究者已经建立了海洋-大气系统的计算机模型。这些模型一般来说都一致表明了额外的淡水可能会"堵塞"传送带，在传送带重新启动之前会极大地减缓或者停止一段时间，导致巨大、剧烈和广泛的大气变化，这非常接近世界上冰芯、树轮和其他沉积物记录的历史。其他研究者利用海洋沉积物里的微小细节去跟踪传送带强度的历史。其中许多记录表明：当格陵兰岛和其他地方突然变冷时，传送带会减缓或者停止；而当格陵兰岛温度升高时，传送带就重新启动。我们将在下面来看看传送带的模型以及传送带的历史。

## 模拟传送带

为了对海洋、冰原、大气或者几乎所有系统的运行进行模拟，你必须一开始就认识到系统运行的机制，也必须知道哪些可能导致系统的改变以及在何种状态之下系统会发生改变。这些部分组成了模型，你可以用它来预测系统未来如何改变。一个聪明人总是会去测试模型来看它是否奏效。测试要么是预测未来，看看预测是否成真？要么是在过去的某个时刻开始建模，看看是否（不是看答案作弊）能够"预测"你所知道的已经发生的情况。因此，模型建立者想知道他们所研究对象的历史。

建立模型的方式有很多。例如，生物空间Ⅱ（Biosphere Ⅱ），这是一个广为人知的、在亚利桑那沙漠大玻璃气泡里建立和研究模型化地球的尝试。但是这个生物空间耗资巨大，而且并不能非常好地模拟地球生态系统。（虽然这个实验室在很多方面表现很好，但它不是完整的地球。）另一种建模方式是计算机模型，这是我所知道的对地球的大块区域进行建模的最经济实惠的方法，其工作原理是对我们已知的地球系统运行规律总结出方程，并在计算机里求解这些方程。如果你不相信计算机模型，请记住，计算机模型已经广泛应用于设计和测试我们的汽车、飞机、建筑物、桥梁和炸弹的性能，并取得了非常大的成功。计算机模型也可能遭遇重大的失败，但如果用法得当，也是有价值的工具。

许多工作者已经建立了海洋和大气运行规律的计算机模型。这些模型可能并不比桥梁模型更高级，但研究者在用气候模型做一些有益的事情。这些模型常常表明，向北大西洋注入太多的淡水会对全球气候产生重大的影响。当只有少量的淡水从大陆或者大气输送北大西洋时，北大西洋的海水就会盐度高，下沉快，从而使相当多的暖水流入北方。当更多的淡水供应给北大西洋时，这里的海水下沉就会放慢。但如果下沉过程太慢，北大西洋表面的海水盐度就会变得过低，从而导致下沉过程完全停止。

这就是一种"大灾难"了。一旦下沉过程停止，大气会继续向北大西洋注入淡水，但这些淡水不会有效地消除，而是会囤积在表面，并可能在冬季冻结。然后，下降过程很难再次启动，降低淡水的供应仍然会令淡水聚集于表面，从而停止循环。你可能不得不在下沉运动启动之前，让附近海水的温度和盐度升高，在冻结的水洼附近输送热量来融化它，并让温暖的咸水回到加拿大北方地区，在那里，它会在下一个冬季里迅速冷却。一旦下降过程停下来，海洋必须经过一个漫长和寒冷的路径才能回到它的最初状态，即北大西洋附近活跃的下沉过程和温暖的陆地。

你能回到你原先开始的地方，但你必·须走不同的路，这被称为"迟滞回路"。我们每天会看到此类的循环。例如，设想驾车在双向街道上进入城镇，在通向城镇广场的道路上有两条单向街道。在靠近或顺着广场的双向街道的任何地方，你都可以掉头，然后回到你来的路。但是一旦你到达了广场较远的一边，然后转入一条单向道，你就必须绕着广场开一圈才能回到你出发的地方，正如图14.1所示。如果你驾车到了广场阳光明媚的一边，然后就必须在再次回到温暖之前穿过背阴一边的雪堆，你这下就知道了当北大西洋的海水太淡了以致不能下沉时，北欧会发生什么情况了。

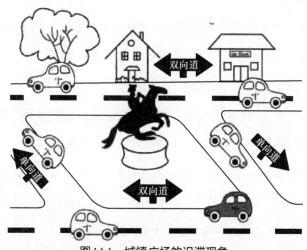

**图14.1　城镇广场的迟滞现象**

假设你开着灰色的车前往镇上。在双向街道的任何地点，你都可以在车道上转弯，或者做U形转弯回到你来时的路。但如果你在单向街道上左右转，你就不能回到你来时的路，而必须绕着广场开一圈才能回到你出发的地方。这样的情况就叫作迟滞回路。今天，如果向北大西洋注入一点淡水，洋流循环就会放慢脚步；如果减少一点淡水，洋流循环会在双向街道上加速。但如果加入太多的淡水，洋流循环就会停止，更多来自河流、降雨和融冰的淡水蓄积起来，那么减少一点淡水的机制就不会启动洋流循环。北大西洋然后就进入单向道模式，而且在进入原来充满活力的循环之前会有很长的路程。

模型显示当北大西洋的下降过程停止时，周围地区会大幅度冷却，北半球大部分地区也会降温。赤道和加拿大的北方地区之间温差加大，推动更强的气流携带着更多的灰尘。强风也会推动海洋表面的海水流速加快，从而促使许多地方包括一些热带地区的冷水上涌，冷却这些地方的表面海水，并减少温室气体（水汽）的蒸发。寒冷的北大西洋减少了夏季热空气在非洲和亚洲的上升，从而推动了夏季季风爆发，非洲和亚洲会变得更加干旱。更冷的北方地区与更干旱的非洲和亚洲没有太多的湿地，从而使地球制造的甲烷数量降低。

模型里的这些和其他变化，与已经观测到的变化完美契合（尽管已观测到的变化在某种程度上比模型预测的更加剧烈和广泛，这一点我们后面会讨论）。另外，海洋沉积物表明，传送带减慢或停止的时间就处于全球转入干冷和多风的模式的那段时间。我们后面会看到，以解读这些海洋沉积物的记录来认识传送带停止的时间是一个妙招。

## 在传送带的轨道上

即使到了今天，在广阔大洋中，巨大的洋流传送带仍是难以直接测量的。数万年前，肯定无人会用想象的洋流尺来跟踪深海的运动。相反，我们必须从大洋沉积物上找到"睿智"的解释，了解当时洋流运动的方向。

全球海洋不同部分的水有着不同的化学和同位素特征，它们会从特定地点，比如北大西洋被提取，然后在化学和同位素发生显著改变之前被长距离携带。植物的茎叶和动物的外壳会在海洋里生长，展现出水的特性。通过研究来自不同时代的外壳，我们能知道洋流的变化。确实，它们也变了。

广阔的海洋几乎就是生物学的沙漠。浅水域可以吸收足够的阳光、水和二氧化碳，那里的水藻可以迅速生长，但快速生长在大部分地区却是罕见的，因为生物生长需要一点磷酸盐、硝酸盐、铁和其他"肥料"，而这在广阔的海洋中是非常稀少的。有此类营养物存在的地方，海藻就会蓬勃生长。但动物会很快吃掉这些植物，然后将部分植物残骸以粪便的形式排入深海，那里的阳光不足以促进海藻的生长。我们早先发现，这会将二氧化碳从海洋表面移除，最终使大气里的二氧化碳得以移除，但它也移除了植物残骸里的营养物。当营养物从明亮的区域被移除时，植物旺盛的生长就会停止，除非有更多的营养物。

有些营养物被埋藏在海洋的沉积物里，最终会被大陆漂移的过程带入地球深层，并在火山爆发时融化，然后又回到地球的表面。当粪球漂过深海时，许多营养物和很多包裹营养物的碳会溶解于此，或者当穴居生物在觅食的时候会搅动沉积物。日积月累，深海的水集聚了溶解于粪球的物质，而表面的海水却被快速去掉了此类形成粪球的物质。

镉就是这样一种经年累月沉积于深海的物质，之所以有用是因为一丁点镉就能混入碳酸钙的外壳从而取代钙元素。碳-同位素同样是有用的。海藻发现利用碳-同位素更容易，从而留下更重的碳在表面的海水中。因此粪球转移轻碳，它们释放进入深海，在那里会被用于碳酸钙的外壳。如果海底栖息的动物外壳的轻碳和镉含量低的话，这表明其外壳是在位于海洋表面的水里生长的。如果海底定居者的外壳是富含轻碳和镉的，那意味着这些水生动物在过去很长时间一直在深海里——千年或者更长。

非常奇怪的是，南极洲周围的水流上升到表面然后又下沉，并没有花费很长的时间留在海洋表面，而是常常在海冰或者流出南极的冰之下，因此没有完全失去深海海水的特征。但是在北大西洋下沉的水流却获得了在海洋表面长途北行的化学和同位素的某些特征。

今天，下沉于北大西洋的海水主要在两个区域：格陵兰岛、冰岛和挪威海附近的北格陵兰和东格陵兰，以及拉布拉多海的南格陵兰和西格陵兰。我们一直在努力寻找过去远北和不那么远的北方的下沉模式是如何改变的，而且可能的解释正渐渐明朗。北大西洋环流有三个模式：炎热模式，伴随着远北和靠近北方的海水下沉；凉爽模式，仅仅伴随靠近北方的海水下沉；寒冷模式，不是北方地区的海水下沉。

回看过去，暖期的北大西洋水流很像今天的样子。但经过几段冷期，填满北大西洋深海的水会比现在停留更长的时间，有利于深海集聚营养物和轻碳。在冰期最冷的几千年里，以及丹斯戈德-奥斯切尔旋回的每一段时期，远北地区海水的下沉过程看来极大地减慢或停止了。在大部分冷期，许多下沉过程在靠近北方的地区持续，但速度明显降低以及不能达到暖期的深度，使得海水从南极沿着大西洋的海底向北扩展。在海因里希事件的最寒冷的时期，在远北地区以及靠近北方的大西洋几乎完全停止了下沉过程，从而让来自南极区域更古老的海水大量填充大西洋。

这些模型表明，当温暖的海水渗透到了更靠近极地的地方，它们对大气有更大的影响。因此，在丹斯戈德-奥斯切尔旋回中的变冷期间，远北地区下沉过程的终止极大地影响了大气，而数次海因里希事件发生的期间，接近加拿大北部地区叠加下沉过程的停止也引起了略微的变冷。但这个叠加的海因里希事件造成的停止对海洋有更为深远的影响，因为现代欧洲的温暖冬季其实是从南大西洋那里"偷来的"。

## 从南方偷来的

大部分北大西洋表面的海水来自太平洋或印度洋，它们先经过了在非洲和南美洲之下的南方大洋，之后来到了大西洋。这些水在大西洋表面流向北方，流入和流经热带而进入北大西洋，之后下沉再流向南方，最终在太平洋、印度洋或者南半球的大洋里上涌回归。大西洋表面的海水在南半球和北半球的热带都会获得热量，但只在北方释放热量。如果大西洋表面的海水北流停下来，南方的热量就会保留在南方，从而加热南大西洋，而北大西洋却被冷却了。

在大部分丹斯戈德–奥斯切尔旋回的寒冷期，当下沉运动在远北地区大范围停止，而在靠近北方的北大西洋持续时，一些太阳的热量仍然会通过洋流越过赤道而进入北方。这些热量会在不太冷的地区释放，那些地区也会接收到大量的阳光，因此这种海洋的热量不会极大地影响大气，使得远北地区大幅度变冷。但在海因里希事件发生期间，来自冰山融化的淡水看似会阻止或极大地减慢所有北大西洋的下沉过程。这种双重的关闭会比单一的关闭导致更剧烈和更广泛的变冷、变干和风速增强，但这些改变不会叠加，它们在北半球的模式类似于单一的关闭所导致的（见图14.2）。

在双重关闭期间留在南大西洋的热量可望引起那里升温。另外，双重关闭本可以增加南半球的下沉过程，让南半球升温一些。海洋里的混合过程导致了深水在上升到表面之前慢慢变暖和变淡，然后被更多的深水取代，所以深水一定会形成于某地。北大西洋的关闭会在几十年或者几百年里导致其他地方深水地层增加，可能是在南极海的大西洋部分，那里已经形成了很多的深水。虽然南极深水是由德雷克海峡的海底更深的冷水构成的，但这些水在南极冷却得多，在行进过程中给大气提供了一点点热量。

大西洋洋流在炎热、凉爽和寒冷的季节

图14.2 大洋三种模式的示意图

在热的时期，暖水释放其热量到大气，然后在加拿大北部地区及其附近的大西洋下沉。在冷的时期——在所有丹斯戈德–奥斯切尔和海因里希–邦德振荡的较冷部分和地球轨道效应为影响冰期主要因素的几千年——加拿大北部地区的下沉过程看来是极大地被阻止或完全停止，但越过赤道流向接近加拿大北部地区的暖水仍然持续下沉。在海因里希事件发生的冷时期，接近加拿大北部地区的下沉过程也被关闭了，抛弃的南半球热海水只能去加热南大西洋。

在海因里希事件之间，丹斯戈德–奥斯切尔旋回的一次关闭足以影响北半球大部分地区的大气，甚至影响到赤道附近的一些地区，但对南半球高纬度地区影响不大。海因里希事件的双重关闭将通过大气从北方向南方发送一个更剧烈的变冷信号，而且也向南大西洋传递了升温信号。这些混合的信息可能创造出我们观察到的复杂拼图，在海

因里希事件期间，南大西洋中心和下风的一些南部地区升温，而其他
南半球区域却降温。显然，南大西洋正在"聆听"洋流的改变，而其
他区域正在"聆听"从北大西洋传到并穿过热带地区的大气信号。

## 将传送带进行分类

因此这幅图像变得越来越清晰了。大洋传送带上大西洋表面的盐
水获取了来自南大西洋的热量，并将它运送到北大西洋，要么是远至
北极，要么是不太遥远的北部。在那里，这些热量释放到大气中，从
而使冬季升温，令海水降温，并下沉至深海。如果有太多的淡水提供
给北大西洋，那里的水将不会下沉，欧洲的冬季就会变得寒冷。

关闭远北地区的下沉过程会导致温暖模式转换到寒凉模式，这是
非常容易的。远北地区的下沉过程已经在大多数的千年里关闭了好几
个世纪，可以追溯到100万年或更久以前。关闭这种远北地区的下沉
过程对大气产生了非常大的影响。冷空气一般携带的水分更少，所以
每一次关闭都会使得北半球许多区域变干。关闭也会弱化季风环流，
季风环流给非洲的大部分地区带来了水分，同时也会弱化亚洲的季
风——北大西洋的降温会导致撒哈拉沙漠扩张，缩减了热带地区的湿
地，热带湿地会制造"沼气"甲烷，降温会导致大气中甲烷含量降低。

在关闭期间降温和变干引起了北半球广泛区域内动植物种类的变
化。温差会驱动空气运动，所以北半球的剧烈降温会导致更强劲的风、

更多沙尘漫天和其他变化。强风也会更好地混合海洋，从而冷却热带海洋的海水，在热带地区降低了温室效应气体的含水量，因此也会导致一些附带的降温，它的影响可以到达南半球。但是，远北地区的关闭所带来的大部分变化限于北半球，特别是北大西洋的海盆以及附近区域。

当地球运行轨道的摇摆造成北方最冷的情况，冰原达到它们最高的水平时，远北地区的下沉过程显然已经关闭了好几千年。当加拿大北方地区的下沉过程保持"关闭"，气候在某种程度上是稳定的，尽管冰期模式里对我们来说非常古怪和不友好。类似地，加拿大北方地区的下沉过程在最近几千年里仍然存在，此时轨道运行使得北半球气候保持温暖和冰原较小。在其他的记录里，远北地区的下沉过程会迅速打开和关闭，造成北半球在更暖－更湿－更安静的气候和更冷－更干－更多风的气候之间激烈地跳跃，每一个冷－暖的丹斯戈德－奥斯切尔旋回持续了大约1 500年。

在这个千年级开关式快速转换过程中，持续冷的跃变会变得越来越冷，此时冰原会在加拿大和欧洲发展，直到来自哈德逊湾的加拿大冰因海因里希事件激增，关闭了所有北大西洋的下沉过程，并将北大西洋从凉爽模式转换到寒冷模式。另外的关闭对北半球没有产生太多额外的效应，仅仅单一关闭就会对大气造成不可思议的降温，但双重关闭在更加广泛的区域冷却了大气。额外的关闭终止了海洋－洋流对南大西洋热量的盗取，可能也会引起南极周围海水进一步下沉。全球很多地方经历着寒冷，甚至比起单一关闭所影响的地方有过之而无不及，而南太平洋的中心地带以及下风区在气候跷跷板的效应下升温。

在这里值得附带提一下一个细小而重要的复杂情况。千年跳跃看来在最热的时期和最冷的时期都在继续，只是有一些微小的影响，而不是通常那般强烈。气候大概就像一家有着正厅、包厢和阳台不同层次的戏院：你能移步上下几个台阶进入正厅，然后经过一大段不同的台阶进入包厢，然后走上另一段不同的台阶进入阳台。气候有时在台阶之间细微地变化，有时在大的台阶上跳跃。今天我们生活在北大西洋剧场炎热的阳台上，同时在阳台的台阶之间走上走下。在最近10万年的大部分时间，甚至是最近的百万年或者更长的时间里，丹斯戈德-奥斯切尔旋回已经跟踪了阳台和凉爽的包厢之间的气候，尽管在轨道运行引起变化的最寒冷期气候稳坐包厢。海因里希事件自始至终把气候踢出了包厢向下进入正厅，使北大西洋变得最冷，而使南大西洋升温。

# 15
# 猛推这个系统

/

为什么气候必须一直在台阶和楼层之间跳跃，而不是安静下来听音乐会呢？我们很好地解释了海因里希事件，冰原的变化会导致淡水突然被注入北大西洋，从而关闭这个传送带。但是对于其他的事件，我们真的还不知道。火山、太阳、洪水和其他因素也可能被提及。其中有些可能现在被排除了——这可能不是火山——其他可能是一部分答案——洪水就很重要。

大型火山喷发会将足够多的硫酸送到平流层，在一年或两年里阻挡相当一部分的太阳光，并在此期间使全球气温降低1度左右。但火山遍及地球各处，并不会同时喷发。因此，火山对气候的影响更多是随机的，而非周期性的。冰芯记录并没有表示出在气候突变和火山喷发的尘埃之间有持续的高相关性。我们相信火山在我们的叙述里并不太重要。

太阳的能量输出变化很小——大约只有1‰——在11年的太阳黑子周期里，对于光照变化，许多气候记录只有很小的改变。大概持续一个世纪的有点漫长的太阳黑子周期会包括"蒙德尔极小期"，即在约1 700年里太阳黑子非常稀少的几十年间，有人估计那时太阳的能量输出相比现代一般的输出，可能减少了2‰。（令人惊奇的是，太阳黑子是与一个更炙热的太阳相联系的，因为太阳黑子周围的亮带发出的额外能量比太阳黑子阻挡的多。）根据一些粗略的数据，蒙德尔极小期似乎是几个世纪以来太阳输出普遍较低的中心期。有意思的是，这种太阳活动的减少时期或多或少与"小冰期"相关，几个世纪寒冷之后出现了20世纪变暖。太阳在1 500年里的变化是否可能会导致丹斯戈德-奥斯切尔旋回的变化？

更多的数据会帮助我们回答这个问题，但很多迹象现在并不指向太阳。证据来自我们的冰芯。当太阳活动更加活跃时，太阳风会更好地阻挡宇宙射线来保护地球。宇宙射线会撞击大气中的分子，而形成新的原子类型，例如铍-10，然后这些原子就会降落到地面和冰面上。更明亮、更活跃的太阳会降低铍-10的产生数量，而一个暗淡的太阳总是会使宇宙射线制造更多的铍。

铍-10在冰里的含量很好地显示了11年的太阳黑子周期和蒙德尔极小期之类的跨越百年的变化，冰芯也记录了变化的太阳引起的温度以及气候其他方面的小变化。在冰里铍-10的浓度在气候大跃变中变化显著，但这也是可以很好解释的，受影响铍-10的稀释的降雪变化影响，在当前的暖期，冰芯在千年里没有出现铍-10太大的变化。假如太阳是卷入气候突变事件之中的因素，那么太阳变化太微小了以至并不能在铍-10记录中轻易被显示出来，却可以在地球系统里被极大地放大。

铍-10的产生也受地球磁场强度影响。在大约4万年前，磁场的减弱导致了冰芯和其他沉积物内铍-10含量的升高。这个事件与任何气候变化无关，所以磁场看来也不能被视为在气候故事中重要的角色。我们会继续寻找证据，但气候中千年尺度变化的答案可能只能在地球上寻找。幸运的是，大洪水的历史给了我们更好的想法。

## 反复无常的洪水和振荡变化的海洋

在最近的冰期，从加拿大前往美国的冰堵塞了南北流向的河流。美国-加拿大的大湖区整个排水被堵塞了，直到这些水顺着密西西比河漫溢，形成更大的湖。当这些冰开始融化，东边的出口顺着萨斯奎哈纳河（Susquehanna）被打开了，然后是哈德逊河，最后是圣劳伦斯河。响应气候变化或冰原内在过程，冰期的小扩张和小退缩不止一次打开和关闭了这些出口。

理性的人不会想用冰拦住河水。一旦大量的水开始从表面溢出、从底层流出或者穿过冰坝，水流的扰动会通过"摩擦"生热来融化更多的冰，而让更多的水流过。冰坝会灾难性地崩溃。地球上所知的最庞大的洪水就是冰坝的垮塌造成的。

每次冰的缩减会打开一个出口，蓄积的水通过出口排向东方，巨大的洪水就会发生，此时湖泊的水位降到新的层次，之后流入湖泊的水会持续供应淡水。突然倾倒大量的水进北大西洋很有效地停止了传送带环流，之后冷冻北大西洋，持续的淡水供应有助于保持传送带关闭的状态。顺着圣劳伦斯河的大洪水就发生在新仙女木事件的降温之前，这两个事件可能是有相关性的。一些更早期的变冷事件也发生在雪融水向东倾泻到北大西洋之后。

进一步的证据加强了这个解释，最近大范围突然变冷已经可以联系到雪融水形成的洪水。这个事件发生在大约8 200年之前，造成了达到大约新仙女木事件一半强度的气候变化，时间长度上也有1/10。它就发生在最近一次哈德逊湾融冰溢出之后，融冰使得在其周围蓄积的巨大湖泊经水由海湾排到北大西洋里。

将一些突变与融水骤然泛滥联系起来的清晰证据是令人困惑的——可能所有突变都由这种方式引起。但是许多突变可能是在最近数百万年中的几百年里发生的，时间上有着类似的间隔。大部分的科学家怀疑冰雪融水的爆发本来就是如此频繁和稳定造访。

然后丹斯戈德–奥斯切尔旋回的千年尺度将我们的注意力集中在

海洋，而不是冰川和冰原或大气。正如海因里希事件的这些间隔所显示的，哈德逊湾的大冰原花了几千年去改变，加拿大其他的冰原用了更长的时间去改变，以至这些冰可能每千年都没有变化太多。更小的冰原本来会改变得更加迅速，但规模小使得它们很难有足够融水流入北大西洋而对其环流产生大的影响。并且小的冰原也会遇到和火山同样的问题——它们很难有组织地协同影响。大气在几星期或几个月里改变，不能长期维持对数千年的周期产生的影响。

另外，在海洋的环流中，海水花费大约一千年形成传送带循环，因此研究它可以合理猜想海洋的变化。维里·布雷克和它的合作者建议了一种可能的方式。当海洋传送带向北大西洋提供了大量热量，附近陆地的冰往往会融化，把淡水倾倒进北大西洋。最后，淡水可能会关闭传送带的环流，或者至少是远北地区的海水下沉过程。北大西洋会冷却，然后冰在陆地上重新增长。陆地上冰的增长需要更多的水离开海洋而非进入海洋，所以北大西洋会变得更咸，可能又再次启动下沉过程。计算机模型显示这样一个循环可能发生在一千年以上。冰坝形成的河流所带来的融水涨落可能加速或减缓下一个变冷的到来，同时引起这些事件有规律的间隔。

老实说，这个解释还不能回答所有的问题。例如，既然当前暖期的大冰原已经融化，格陵兰岛的巨大冰原与一些小岛的小冰川和冰帽却依然在北方。这些冰块的增长和融化可以解释气候在这个暖期的小振荡，但为什么这些事件之间的间隔没有随气候变化而变化呢？

考虑到所有这些遗留的不确定性，我期待会有更多的解释——我们现在对丹斯戈德-奥斯切尔旋回还缺乏理解。但是这种探索仍在进行中。

## 其他的放大器和开关？

北大西洋对于过去许多主要气候变化来说，几乎可以肯定是整个过程的中心。数据和模型一致表明，供给北大西洋的淡水能对气候"按下开关"，带来非常不同的情况。但在现代家庭生活的任何人都知道一个灯可能会被多个开关控制，一个开关可能控制着多个灯，其他开关可能控制着垃圾的处理和车库的开闭。北大西洋也可能会对其他开关产生反应？地球其他地方的气候可能有它自己的开关？这是不是有助于解释为什么基于北大西洋的影响而推理出的改变远比真实的要大。

这是一些重要的问题，而且有些缺乏好的答案。许多诱人的线索暗示了这些问题的答案是"是的"——地球气候里存在其他的开关和放大器。

北大西洋在冰期以来已经改变很多了，但当前暖期的弱气候振荡在时间上和冰期更大的气候振荡有着同样大约千年的间隔。这表示千年的气候振荡影响了来自北大西洋外部的气候系统。当在北大西洋上洪水暴发和冰原激增的"突发事件"加入来自其他地方的千年周期时，这些巨大的改变就会发生。但这个周期从何而来？深海？热带？还是南半球？

广阔、高能的热带地区是推动地球气候变化的热机。正如厄尔尼诺所引发的全球恐慌所显示的，热带地区的变化很容易就传递到世界很多地方。在厄尔尼诺期间，赤道太平洋反常的暖水"蒸煮"大气，为许多地区提供了不平常的湿热条件，但因为天气模式的改变而让其他地区干旱化。结果导致了洪水和干旱、山体滑坡和火灾。厄尔尼诺的开关会对气候产生复杂的影响。

不幸的是，虽然热带条件的长年记录有着足够高的时间分辨率，但仍然很难侦测到厄尔尼诺。从安第斯山上的高山冰川而来的出色冰芯展示了超过几千年厄尔尼诺的改变，但薄冰和高降雪率已经造成了冰层变薄，严重到回溯冰期的更长记录缺乏足够高的时间分辨率来发现厄尔尼诺。这些记录和其他记录提供了关于厄尔尼诺改变的诱人线索，但依然无法确定。

在南极周围的巨大而鲜为人知的南大洋，有着大量深水下沉。海洋、海冰、南极冰原和大气之间的复杂作用有着诸多令人惊奇之处，研究气候变化的专家正集中力量在南极勘探。

在更好的记录出现之前，我们只能猜测厄尔尼诺变化的发生与否，比如在热带的其他地方、在南极，以及在过去引起或放大气候突变的太阳或其他因素的影响条件之下。这可能太难以置信，使得我们不能考虑气候研究者面对的突变，就像石器时代的一个部落集结于北大西洋的电灯开关附近一样，第一个开关被我们找到了，到现在才弄清楚了运作机制。但是我们中有一些开始着手去发现怎样打开车库的门。北大西洋的开关毫无疑问是重要的，但大部分气候研究者希望气候突变的故事在它被讲完之前能变得更加复杂。

# 第五部分
# 到来的疯狂？

未来地球的气候可能会发生什么

——我们可以对此做什么？

# 16
# 过度耗费燃料

/

　　冰芯和其他沉积物表明，在我们有良好记录的大部分时间里，地球上巨大、迅速和广泛的气候变化是普遍发生过的，但在农业和工业兴起的关键几千年里却缺席了。这些巨大改变中的一部分是额外的淡水注入北大西洋的事件触发的。当改变发生在气候系统的重要部分时，包括北半球夏季阳光、大气中的二氧化碳和冰原的大小，气候跃变就会变得尤其普遍。

　　对我们来说，关键问题是：自然或者人类将会回到气候"通常"的狂野跃动而非我们目前享受的"反常"稳定吗？而且如果这种回归看来可能的话，我们又能做些什么呢？

　　不幸的是，没有确定的答案，我都怀疑答案在即将发生的未来里也不会被发现。但是很有可能发生的是，温室气体导致的变暖可能会触发额外的降雨、降雪和冰面融化，足以部分或者全部关闭北大西洋传送带环流。温室气体导致的气候变化因此可能会比大部分人期望的更加激烈和猝不及防，包括北大西洋附近冬季的冰冻。

在这一章，我们将探索研究气候变化的人为何比大众媒体对全球变暖更有信心。我们还会简短地转到经济学上，看看为什么气候的突变是最重要的问题，以及为什么商人和环保主义者可能会站在争论的同一边。

## 气体到哪里去了？

地球有个令人赞叹的高效回收系统。通过利用其能量制造更多二氧化碳/水的混合物来捕获和储存阳光，它们就是我们所知的植物。但动物、真菌和细菌通过重新处理它们所吃的植物，或者慢慢地消耗它们所吃的植物来获取被储存在其中的阳光能量，以此完成繁殖。几乎所有死亡的东西都会在死后的几年里循环。

但是这种循环并非完美，一些死的生物一段时间会逃过循环，"渗漏"出通常的循环链之外。在植物腐败缓慢的地方（比如寒冷的冻土地带），或者产生死亡植物数量非常大的地方（比如海水涌流下面的区域，那里来自深海的营养物质加速了浮游生物的茁壮成长），死亡的植物堆积起来的时间比它们被埋入土地可能要短得多。堆积的死亡植物持续地填埋将它们移动到了地下更深的地方，那里地热能量会"烹饪"

它们，其结果就是化石燃料的产生。石油大部分来自海藻，煤大部分来自木质植物，天然气(主要是甲烷)大部分来自前面两类植物之一。

这种"渗漏"已经进行了几亿年，火山将碳变成在岩石中的化石燃料。人类已经发现很容易获得和燃烧这种化石燃料，并把它变成我们需要的能量和释放到大气中的二氧化碳。我们几个世纪的轻松生活，仰赖于几亿年来逃离早期循环过程而储存下来的太阳能量提供了燃料。

我们释放到大气中的一些二氧化碳溶解于海洋，有的供树木生长，但很多会在大气中停留一段时间。我们奢望我们释放的大部分二氧化碳将去往一些不会影响我们的地方，但这是不可能的。我们燃烧树木的速度可能达到新树的生长速度，甚至于更快。进入海洋的这些二氧化碳会缓慢地改变水的化学性质，使得更多的二氧化碳难以进入海洋。(比如把更多的猫放到猫舍，加热已经滚烫的锅盘，或者把二氧化碳加入富含二氧化碳的海洋都是很难的，因为大部分物体趋向于从它们集聚之地向外传播。)

二氧化碳和水结合形成了弱酸，它们会和岩石反应，并溶解岩石。贝壳和珊瑚礁骨架是特殊岩石，周围会有活的有机体来建造它们。让海洋变得更酸会使贝壳生长更加困难，也往往会溶解死亡生物的外壳。但溶解的外壳暂时会中和一些二氧化碳，这就是为什么我们的二氧化碳有些会进入海洋而不是积累在大气的部分原因。如果我们把太多释放的二氧化碳释放入大气，海洋会用光要去溶解的外壳，会导致更难去吸收二氧化碳，我们制造的大部分二氧化碳会待在空气中几百年、几千年或者更长时间。

在冰期中，额外的二氧化碳会被海洋吸收，一部分原因是冷水能保存更多的气体，另一部分原因是冰期的强风带来额外的灰尘会使植物生长旺盛，从而需要更多二氧化碳。在未来，气候变暖会对我们产生不利的影响，从海洋释放二氧化碳到大气中。有人已经建议，人类可以通过复制冰期强风的自然壮举来滋养海洋。这实际上是可能的，虽然研究显示，被肥沃的海洋所吸收的二氧化碳数量与我们计划从燃烧化石燃料释放的量相比要小。同样，如果太多的二氧化碳变成了下沉的海藻，那么海藻的腐烂也会消耗深海的氧气。这可能会导致生物灭绝，并可能导致其他温室气体的释放，例如甲烷或一氧化氮。

总而言之，我们释放到大气的大部分二氧化碳会滞留一段时间，充当温室气体。而我们释放的二氧化碳越多，大气中存留的就越多。使用化石燃料这几个世纪因此会产生几千年或几万年大气中高居不下的二氧化碳含量。

最终我们释放的二氧化碳会和火山岩或其他岩石在缓慢的风化过程中结合。包括二氧化碳在内的风化产物会被冲刷到海洋中，而且会（很难）变成珊瑚或蛤壳。海藻所用的微量二氧化碳会逃离被循环的命运，开始形成新的化石燃料。大气和海洋都会"忘记"我们在几千或几万年里所做的事。从现在起，几亿年后，当新的化石燃料在新的岩石里积聚时，那里的地质情况也不会留下一点我们存在过的痕迹。

在未来的一千年里，当大气富含二氧化碳的时候，我们的星球将会比如果是更少的二氧化碳时更温暖。这是自然温室气体效应的人为加强。新闻通讯社里常常将其简化为"温室效应"。如果其他条件不变，几乎所有人——环境主义者和工业主义者，右派和左派，第一世界和第三世界——都同意二氧化碳在大气中的增加多多少少会加热这个星球。大气中的二氧化碳对入射的阳光有很小的影响，但阻碍了地球部分反射回宇宙空间的长波辐射。如果二氧化碳增加的话，入射的能量会超过逃逸的能量，这个差额会引起温度上升到一定水平，直到地球经过这些二氧化碳吸收能量足以平衡入射的阳光。

但这之后不同意的看法很快就出现了。人为造成二氧化碳升高的直接辐射效应不可能太大——下一个世纪升温1℃左右。但请记住地球系统是充满了反馈的，大部分气候研究者期望会出现放大这些改变的反馈，给出了在下一个世纪将升温几度的结论。

例如，更热的空气能够保留更多的水汽，它比起二氧化碳是更加潜在的温室气体。升温可能会融化一些高反射率的冰雪，导致阳光被更多吸收，因此出现更多的升温。今天，加拿大北部地区冻土里的矮小植物可能被埋在反射阳光的雪中，而西伯利亚针叶林中的黑暗之树正在通过朝向南方的枝条从积雪那边吸收可用的阳光，伴随着升温，冻土地带缩减，因此又会引起进一步的升温。

这些反馈比二氧化碳的直接辐射效应更不确定。有人强调了预测这些反馈的困难。例如，存在那些没有大量水汽的炎热地带（比如沙漠），那么升温可能并不会明显增加水汽。同样，更多的水汽会生成更多的云，而有些云（高度高的薄云）通过阻挡更多逃逸能量而不是入射能量加热地球，其他（高度更低的厚云）会通过阻挡更多的入射能量而不是逃逸能量冷却地球。如果二氧化碳的增加造成低厚云的增加，整个温度的变化可能不会很大。当升温发生时，雪在许多地方融化，但一些地方会太冷，以至升温并不足以融化那里的雪，甚至可能带来更多的雪，因为热空气常常会携带更多的水汽。

现代科学的共识是正反馈会放大全球变暖。这反映在政府间气候变化专门委员会（IPCC）的报告之中，这份报告完全在联合国的赞助之下制作完成，代表了众多科学家、政府官员、利益集团和私人个体讨论后辛苦锻造的努力。

## 和而不同

"科学共识"这个词在这里可能有用。所有科学观念都服从于修正；我们从来就不应该绝对肯定已经发现真理。陈旧的观念应该持续地得到检验，努力用更好的理论来驳倒并取代它。在这种经常的攻击之下存留下来的观念将是特别稳健的。经验显示，如果我们姑且把这些存留下来的观念当作对的，并进行行动的话，我们会成功——在治愈疾病、发现清洁的水、按我们的意愿建造或推倒某些事物等。但是另一方面，观念可能正确，它们可能是真理的合理估计，或许我们可能只是因为幸运。

因为用更好的观念驳倒并取代旧观念是一种荣幸，所以科学需要反对者来一再敲击旧的观念。所以"科学共识"不等于100%的同意，而且从来就不应该是。

这里要加入一个事实，巨大的利益导向可能影响全球变暖的讨论。如果美国或世界决定改变税务款项去减少化石燃料的使用，太阳能创业公司会变得更加有价值，而油井会变得不那么有价值。如果我们决定不去忧虑全球变暖，许多研究者和游说者将会承受压力。当金钱（这可能会达到上百亿或上千亿美元）加强了对相反观念的科学性的需求，你绝对能发现这个论题会出现各方面的强烈观点。出于公正性的考虑，政治过程和新闻社通过提供放大反对者的声音使得一般的关注者感到困惑。

有开放思维的调查需要整理有影响力的声音，以此辨别主流观念。我已经在试图这样做（你也可以判断我是否成功），我相信科学证据的重要性昭示了人为造成有重大意义的变暖是未来最可能的后果。

一些有影响力的声音聚焦于自然变化对抗人为变暖的可能性。这种观点是绝对正确的，自然变化可能会抵消一些或所有人为造成的变暖。但是，另一种情况一样可能发生，自然变化会另辟蹊径，急剧地增加我们所导致的变化。因为人为造成的改变可能会比工业或农业时期人类经历过的任何自然变化都更巨大，而自然变化突然间变得足够大，而且就在恰当的时间点以正确的方式传播到整个地球，以抵消我们人类的行为，这是不太可能的。（我们希望自然趋势可以缓慢地以9万年的速度变冷，进入新冰期，但是那时全球平均的变冷速率将基本在每一百年0.01℃左右，极地地区可能是3~4倍的幅度，那里的变化是最大的。人类造成的变化可能是百倍或更多倍的加速，所以下一个自然冰期不会让我们拯救自己了。有远见卓识的人甚至已经在讨论，在我们需要化石燃料去抗击冰期之前就要节约它们，而且这会是如此久远的未来，以至人类的经济是很难去应对的。）

冰芯和其他古气候记录在全球变暖的讨论中一直是重要的，表明了升高的二氧化碳水平会造成显著的变暖。大气成分中最古老的直接测量来源于40多万年前的冰芯样品，但间接的办法也认为，1亿年前蜥蜴桑拿浴室的温暖部分是因为二氧化碳的高水平。同样，暗淡-年轻-太阳悖论的最好解释是，地球在几十亿年前没有陷入永久的深冻之中是因为那时更高的二氧化碳含量让地球在更少的阳光中保持温暖。

在最近4亿年，来自南极洲的沃斯托克冰芯记录表明温度和温室效应以相同的方式变化。几乎可以肯定的是二氧化碳不是气候转换的最终原因，气候转换是地球轨道摇摆移动太阳光形成的。但即便南极会得到额外的阳光，它也会在加拿大短而凉爽的夏季变冷。对这种情况可信的解释都涉及二氧化碳变化的温室效应以及关联的正反馈。二氧化碳和温度记录肯定不是一样的——很多因素会影响气候——但是二氧化碳和温度记录的相同点是不会弄错的。

注意，在这些不同的时间尺度上二氧化碳的控制因素是不同的。几百万到数十亿年间，重要的平衡是在岩石的化学反应消耗的二氧化碳和火山产生的二氧化碳之间的。在冰期周期的数十万年里，生物气泵将二氧化碳移出海洋表面的比率可能是最重要的。在我们燃烧化石燃料的几个世纪里，其他生态过程相比我们的行为是缓慢的，我们是最重要的二氧化碳水平的控制因素。但是不管是什么控制因素，在这些不同的时间尺度里，温暖和抬升的二氧化碳水平已经在10亿年里走到了一起。未来，这种关系非常有可能会继续。

更难回答的问题是全球变暖是不是一件坏事？我们是否应该做些什么来减缓或停止人类对气候的影响？我将在本书的最后一章提供我的一些想法。我知道这里还有巨大的不确定性，但普遍支持体现在联合国资助的IPCC报告里的国际共识，即人类行为造成的变暖会有害于我们其中一些人，也会有益于一些人，但是弊大于利。我相信关于我们人类对这些变化做出反应的严肃探讨是需要的，这可能会引导人类的行为。但是，这可能需要对这个问题有轻微不同的看法，而不是用传统的经济分析。

## 贴现未来

　　传统的经济分析常常会建议我们应该对全球变暖做一些小事，而不用很多。这个结果来自分析的假设，来自预期变化的缓慢性。

　　如果我向你要一笔钱，你会坚持主张我还你更多的钱。额外的钱意味着几件事：不确定性（可能我会卷款而逃）；机会（如果你把钱放到银行账户里或是股市里，你的钱就会增长，所以你同样希望你的钱在我这里也能如此）；偏好（你现在就想要用这笔钱买东西，而不是远在未来）。因为这些和其他的观念（在一些方式下是一回事），一个苹果或一美元对你今天更有价值而不是未来，你展望的未来越远，一美元对你价值就越小。经济学家把这个观念称为"贴现"，贴现对于经济学家意味着我们应该通过建立庞大的经济从气候变化里处理不确定的未来（而且考虑所有其他的原因），然后无论发生什么就事都用经济方式处理。在一般的贴现率里，未来超过几十年发生的事没什么价值，所以就不要太忧虑它们。因此，为减缓人类对气候的影响而做一点事情，这可能是有用的，但我们不应该做很多的事。

　　真的，有些"环境"型专家（包括一些经济学家）不这样看这个情况。伦理学列入了这个讨论——我们造成的变化将持续 1 000 年，所以我们有权力让未来的人类遭受这些变化吗？非传统的贴现率也会出现在讨论中。例如，今天许多人把钱存在低息银行里。在减掉通货膨胀和税款以后，这些人每年就在赔钱。一些经济学家会说低息银行存款真是愚蠢、无知或者懒惰。但可能这些人现在生活得很好，已经度过了经济大萧条时期，而且真的忧虑某天他们会一无所有，在高速公路天桥下蜷缩于冰箱纸盒中。对这些人来说，未来的一个苹果可能会比今天的更有价值，因为他们今天有足够的苹果，而且不愿意把很多钱花在保险上。这依旧是一个少数派的观点——大部分经济学家可能会同意气候变化的缓慢性，意味着我们应该放更多的努力在适应上，而不是在防御上。

对于非传统的贴现率，我们还可以提出其他理由。一些经济学家对未来整个世界经济增长的预测过于乐观，这可能引导他们对未来的问题担心得太少。经济学传统上认为，总有替代品——如果有些东西变得稀缺又昂贵，有人会想出一种不需要太多钱的替代物。但地球是有限的，跳跃到太空飞行会非常昂贵，所以我们不应该假定经济能永远增长。公平性的问题也要考虑——气候变化可能会伤害地球上的大部分人，但对气候变化产生影响的化石燃料燃烧也在惠及一些人（那些在发达国家大量燃烧燃料的人），超过了其他人（在发展中国家的那些人）。这些是值得仔细审查的重要问题。

对于全球变暖的经济学讨论，古气候记录已经提出了更加重要的议题。我们的冰芯记录表示剧烈的转换已经在气候里发生了——不是几世纪以来，甚至不是几十年以来，而是几年以来。就在几年里，贴现没有太大影响物品的价值。如果我们知道巨大的气候变化正在来临，知道这种改变会让我们的经济付出巨大的代价，改变人类行为可能会阻止这种气候变化（巨大的"如果"），那么传统的经济学家可能会同意我们应该努力避免变化。

现在，老实说，我们不知道使北欧冻结或者使非洲干旱的剧烈气候变化是否正在来临。即使我们知道变化正在来临，我们也不知道我们能做什么事。在我们弄清楚这些事之前可能会花些时间。如果你正在寻找有力的证据和战斗的号召（或者自行车?），我现在很抱歉，因为现在还什么都没有。但我们确实知道巨大且突然的气候变化可能发生，人类行为越来越可能导致变化。

# 17
# 顺着这条路

/

自然或人类活动引发那些够大、够快的气候变化的概率有多大？它们什么时候会在经济学讨论中变得至关重要？我们又一次不知道答案。对于这样的事件甚至是可能的普遍认识近几年才形成。我们继续怀疑，北大西洋的"开关"是气候系统这样的几个开关中唯一已知的，我们甚至不能肯定它是不是真的。在我们开始预测已知的开关之前，我们需要更多的知识。而且虽然没有被证明，这个系统的"混沌"会使这些预测变得困难或不可能。气候突变的研究真的还处于婴儿阶段。我的号召是："派你们最聪明的学生来帮忙，为他们加油！"

同时，让我们来看一下在气候记录里重现的任何线索和那些表示人类可能会有助于按动开关可能性的现存模型。这些迹象并不是有利的——自然和人类都能按动开关。

## 自然地摇摇晃晃

气候记录显示，在最近的10万年里，最冷的1万年和最温暖的1万年里气候是最"乏味"的，在暖期和冷期有着跳跃的气候。（记住即使在最乏味的时期里，仍然有帮助培育然后又颠覆气候统治的变化）可能的教训是，我们应该试图维持气候真正温暖或真正寒冷，远离气候跃变发生的中间地带。如果轨道影响的趋势是从长期缓慢颠簸的9万年滑入下一个冰期最寒冷部分的，有人可能会认为地球气候变暖有助于防止物种变异。

但最温暖和最寒冷的时期也是气候无须被迫改变很多的时候。在这辆通过轨道运行来改变光照分布的过山车上，接近平坦的山顶和山谷的平淡无奇是介于跌宕起伏之间的。温室气体跟随阳光的变化，在光照接近恒定的最冷和最热的时候改变得很少，而当光照变化时会有很多改变。这导致了第二个可能的解释，我们应该避免温室气体或其他因素的迅速改变，这可能会触发气候更加迅速地改变。这是气候系统的"醉汉"模式——当我们随它去时，它坐着；当我们强迫它移动时，它摇摇晃晃。

毋庸置疑，气候记录确实告诉我们，大升温不会保证稳定性。正如之前提到的，大约8 200年前，急剧的变冷让格陵兰岛中部的温度在100年里停留于−12 ℃。非洲的干旱来自委内瑞拉的风力增强，欧洲的变冷（特别是在冬季）和北大西洋表面的变冷都显示了这种短期的事件非常类似于许多更为古老的丹斯戈德-奥斯切尔旋回的变冷事件。8 200年前的气候事件看来发生在哈德逊湾的冰和冰缘湖最近一次的大崩解之后，当时加拿大的冰原也消失了。由于这次崩解造成的突然大量淡水冲入北大西洋，可能关闭了某些传送带环流，触发了气候变化的关闭模式。这次最近的事件意义在于，因为这种轨道性的改变，在这次事件之前和之后，北方普遍的温度比最近几次事件都要高一些，特别是在夏季期间。所以，只要有充分的条件，温暖的气候就会跃变。

## 推动这个醉汉

自然肯定能启动这种气候的跃变。但人类能吗？答案是"也许"。至少一些模型结果显示如果人类加热这个世界过于迅速，增加的降雨、格陵兰岛冰融和遥远北方的其他冰川会给北大西洋提供足够多的淡水来关闭这个传送带。但这个模型结果并不能给出：我们离这个阈值有多么接近，或者说，变化的发生会有多么迅速。

一个特别有指导意义的模型是瑞士波恩大学的托马斯·斯托克（Thomas Stocker）提出来的。托马斯建立了一个简单的模型，它包含了海洋和大气的基本特征，但没有更多的了。因为他的模型很简单，他可以模拟漫长时期的变化和由其他因素引起的变化；真正复杂的模型都会超出世界上最快的超级计算机的运算能力，所以它们并不能进行大量的实验。托马斯用古气候的记录测试了他的模型，然后发现模型运转良好。于是他就让模型运转了未来的情况，看看人类行为可能会对这个传送带环流造成哪些不同的影响。

这个模型显示，如果我们迅速且大量地增加温室气体，我们会击溃这个传送带。但是，如果我们略微增加温室气体，或者虽然大量增加温室气体但增速很缓慢，传送带会减弱，之后会恢复。

传送带关闭对人类可能意味着什么？部分来说，这种影响将依赖于关闭发生的时间。如果在这个传送带大幅减弱之前，温室变暖表现显著，然后在海洋环流减慢时，二氧化碳会为北大西洋提供冬季失去的部分或所有的热量。如果关闭迅速，它可能制造一个大事件，几乎会达到新仙女木事件的规模，使北方的气温急剧降低，干旱化的扩散远远大于记录的历史上那些对人类产生影响的气候变化，也可能会加速南极圈的变暖。人类世界会终结吗？不。对人类来说是艰难时刻？是的，非常艰难。

我们这里也必须记得"忽略的条款"。我们不知道未来如何，我们也没有先进到可以预测改变，但是我们无须惊慌失措或者奔向南半球——我们已经知道主要的事件是可能发生的，而且我们怀疑气候系统还有别的惊喜在某个地方等着。

# 18
# 未来的一种冰芯观

/

直到现在，我们已经从格陵兰岛的冰芯和许多其他资源里提取了许多信息。我希望你能确信气候在过去一直在变化——巨大、迅速而且遍布地球很多地方。这些改变可能再次发生，给人类造成严重的影响。人类自己可能会触发这些改变。那我们对此应该做什么？

简单的回答就是我不知道。作为一个科学家，我是那些撞上大运中的一个，受到资助与有意思的人一起去令人着迷的地方学习新东西。我们希望我们学到的东西是有益于人类的。可以肯定的是，当人类积累并利用知识的时候，我们已经有能力去做很多我们想做的事。对抗来自有毒化学品、大规模杀伤性武器、全球变暖和其他技术弊端带来的恐惧，我们有了药物、建筑、运输、通信等更多的奇迹。总的来说，有利的方面正在不断成功，无论你的报纸早上报道什么——我们比以前任何时候都更长寿、更健康，生活得更舒适。

尽管知识是人类成功的源泉，而且大部分知识来自科学家，但是这并不意味着科学家在知识应用上都特别智慧。是的，本杰明·富兰克林、托马斯·杰弗逊和其他科学家获得了知识，并且明智地利用了这些知识，但在现实世界中，也有很多科学家宣扬和从事愚蠢之事。十之八九，在决定我们应该做什么上，科学家和其他任何有见识的人一样好。

尽管如此，我还是要推测一下未来，并且推测我们为此可能要做什么。记住，以下几点不是科学，而是一个人的观点，他说服了一个出色大学出版社的编辑出版他的手稿。

仔细观察我的水晶球，我相信：

1. 气候会变化。好的，这是一个容易得出的结论。没有任何证据表明，地球气候在过去任何一个漫长时期内是完全稳定的。我们当前暖期的"稳定"气候见证了伤害美国西部阿纳萨齐人的干旱，见证了将维京人驱赶出格陵兰岛的小冰期时的降温，见证了将"流着蜜和奶的地方"变成了令人生畏的不毛之地的干旱，见证了将大湖区变成沙丘的撒哈拉沙漠的扩大，还有许多其他变化。在我们当前"稳定"期，气候甚至更多变。变化是唯一不变的现实，而且会一直继续下去。

2. 气候变化会产生胜利者和失败者。这是另一个容易得出的结论。如果降雪减少，滑雪场和扫雪机的生产者都会不乐意，但讨厌在冰面上开车的人会很开心。雨水会有利于鸭子，而干旱对仙人掌友好。事物总有两面性，没有什么会坏到没有人喜欢，也没有什么会好到大家都满意。

3. 短期来看，气候变化的输家会超过赢家。这可能并不那么明显，但这用另一种方式说明了人们的智慧。我们适应现在的气候。我们挖了足够多的井在干旱时来提供水源，建了足够多的水坝在多雨时来阻止洪水，我们有能力在冬天使建筑温暖，在夏天又降低它们的温度。更湿润的气候需要更多的水坝或将房子搬离洪区，更干旱的气候需要更多的井或更多水利工程，更热的气候需要更多的空调或止汗膏，更冷的气候需要更多的加热器或毛衣。为了适应当前气候，基础设施得以优化，气候改变会驱动我们停止做其他的事（消灭贫困，治愈疾病，在电视里看专业摔跤，或者其他我们时代会做的事），从而使我们能适应气候变化。

4. 长期来说，气候变化的输家可能会超过赢家。这就是我的想法开始引起争论的地方。我不知道这一点，其他人也不知道。但历史显示许多文化的覆灭就在气候改变之时。健康的文明可能可以应对较大的气候变化，但这对于一个勉强熬过气候变化的文明有严重的困难，气候变化带来的额外压力可能会把它"推到边缘"。尽管人类社会有了巨大进步，但数十亿人仍然挣扎于贫困边缘并且要面临饥荒，或者陷入战争，或者以其他方式在边缘寻求平衡。更发达的国家可能会有能力应对即将到来的变化，可能一些发达国家的居民会发现，他们更喜欢新世界（虽然他们更有可能怀旧），但越弱的经济体就越不能承受更多的压力。

5. 放慢一点速度可能会对我们有很多帮助。突变比渐变更难应对。空调和火炉只能持续使用几十年，当气候持续变化超过几十年时，你在换代时可以购买更大的机器。对于更快的变化，即使原来的空调还没有报废，我们也不得不浪费更多的钱来购买新的。我们已经看到气候可能有点像醉汉——当我们随它去时，它坐着；当我们强迫它移动时，它摇摇晃晃。托马斯·斯托克的计算机模型暗示在决定北大西洋环流是否关闭或持续上，全球变暖的概率跟全球变得多暖是一样重要的。但是在这里注意这个逻辑问题。一个经济学家并不忧虑久远的未来——在大部分经济学模型中处理不确定性的最好办法是建立最大可能的经济，让经济来处理发生的情况。在第四点，我注意到过去已经建立起更大经济规模的国家更能够应对到来的变化。减慢速度是一种保险的策略；我们只需知道我们要有多大程度的保险系数。（注意只有富裕的人会采取保险政策。如果你不顾一切地尝试准备应对未来的食物，你可能不会花费太多时间去考虑明年的食物。所以保险政策升高了第一世界/第三世界之间的各种冲突，这些冲突是关于减慢速度以及减慢多少的。许多智慧的头脑需要去解决这个问题。）

6. 保存一些额外的容量可能会让我们未来的生活更加容易。这是另一个保险政策。自然赋予了我们土地、水、植物、动物、营养等。如果我们利用自然赋予的一切，然后自然又收回了这些，我们就无处可去了。我们中的一些人可能会找不到食物，其他人可能会缺食少水。如果我们留下一些额外的容量，那么在我们需要时就有可以利用的额外资源。而且这些资源可以跟我们一起分享地球的其他物种，我们经常会依赖它们。同样，告诉饥饿的人不去吃他们眼前的食物是非常困难的，这也给我们带来了最具争议的问题。

7. 太多的人会用尽我们额外的容量。聪明人肯定会在无物可用之前发展新的资源。沙子会变成计算机芯片，而计算机算出削减取暖账单的方法，让我们用便宜和低能耗的通信方式取代昂贵和充满浪费的旅行，另外它也会帮助我们保护资源。许多人指出了这种趋势，并且用到了流行短语，例如"增加资源，而不是减少它们"或"水涨船高"。但越来越多的人仍然需要越来越多的空间、水、空气和食物。即使通信方式已经改进，我们旅行的需求也还在上升。

我们能降低每个人在地球上产生的影响，从而保留额外的容量。实际上，我们正在这样做。蕾切尔·卡森（Rachel Carson）《寂静的春天》里的DDT，那些迅速地腐蚀臭氧层的氟利昂，以及把伊利湖变成了满是浮渣的绿色池塘的磷酸盐，基本上已经被清理干净了，或者很快就会被清理干净了。格陵兰岛雪中铅污染的历史，包含古罗马人活动造成的几乎不可察觉的短暂现象；随后在工业革命开始时上升，在第二次世界大战以后随着含铅汽油的广泛使用而飙升，这可能会让我们的世界变得暗淡无光。但后来的清理行动在降低环境中铅浓度方面出奇地有效；我们能够极大地降低我们带来的铅影响，如图18.1所示。高效的耕作方式能让我们用更少的土地养活了更多的人，留出一些地方做公园和荒野地区。物种灭绝正在夺去我们的生物多样性，但仍然有很多生物被保护下来。而且几乎可以肯定，人类造成的物种灭绝率已经大幅降低了。

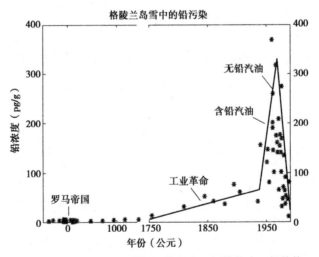

**图18.1 格陵兰岛冰雪的铅污染历史，折线代表一般趋势**

罗马人带来的小扰动来自他们熔炼"铅"用于他们的管道；第二次世界大战后铅含量的巨幅增长来自含铅的汽车燃料；随后的急剧下降则显示了无铅燃料和其他为净化环境观而做出的改变的影响。单位是每克雪中万亿分之一克铅。

资料来源：Hong et al.,and Boutron et al.,cited in the Sources and Related Information.

最后一个方面值得解释一下。当人类将自己和随身附带的老鼠和狗带进小岛，小岛自有的物种会遭受大规模的灭绝。小岛上这些物种的灭绝与栖息地破坏和岛上自有物种无力与新的强适应者竞争有关；虽然这不是对物种的有意攻击，但它确实发生了。在最后一个冰期的末期，猛犸象、柱牙象和许多其他的大型动物都灭绝了。这应该归咎于气候突变，但我们现在知道了在最近的灭绝之前，这些大型的哺乳动物已经经过了数十个或数百个类似的快速气候变化。最近一次快速的气候突变的独特之处是，存活于世的动物被不断转换的气候施压的同时，它们也正在被拿着波纹长矛的人类所绞杀。

尽管人均产生的影响下降了，但我们作为一个物种产生的影响正在上升。几乎每个观察我们环境的人都知道，我们正在理所当然地用砍伐、铺设、开垦、焚烧、撒网或其他方式收交集越来越多的自然资源当成个人的资源。实际上，人类影响的所有指标都显示了同样的效应——我们几乎在所有地方，日益增长地使用可用的资源。据粗略估计，我们正在利用地球能提供给我们的所有资源的几乎一半，而这些资源在这个星球上是和其他生物一起分享的。我们人口的增速超过了我们每个人产生影响的降速，所以我们会更多地使用地球资源。

也许，我们会变得更有效率，以至于可以一边处理不断增长的人口，一边在自然状态下保护地球的一部分。（对我们来说，仍然有足够多的方式降低每一个人产生的影响，特别是对我们这些生活在美国的人。）我们可能会使用我们所有的资源，然后在不可预料的气候变化带走这些资源的一部分时承受糟糕的崩溃。我希望能软着陆，我们每个人产生的影响下降，而我们的人口得以稳定。我不知道如何实现这样的软着陆——这会卷入强烈的生物、宗教、政治和个人因素。所有人的健康和教育得以改善——如此人们不需要额外的孩子作为保险，以防第一批夭折，所以人们可以去做对他们生活有价值的事——可以在不冒犯这些重要的宗教的、政治的和个人的信仰的情况下实现软着陆。历史显示，当人们学习和成长时，他们往往选择更小的家庭，不是因为他们被告知这样做，而是因为他们自己想这样。

最后这个观点有点吓人，因为通过教育，人们通常会学到他们想得到的东西，包括开汽车、看电视、旅行和医疗保健。短期来说，这些东西会增加我们每个人产生的影响。我们愿意冒这个险吗？

假设你需要让你的自行车跳过地上的一道沟。如果你骑得慢一些，你会掉进去。但如果你加快速度，你可以获得动量来安全地跳过。人类面对跳过这条变化的气候和环境恶化的沟时，它们会逐渐削弱我们日益满足自己期望的能力。我们只能通过调查研究这个沟来知道它是一道给我们造成不便的浅沟，还是一个可能会吞没许多我们所珍视的东西的深渊。直到我们充分调查了解了这道沟，提醒我们要谨慎行事，并准备好跳过壕沟。教育和激励人们会加速我们到达那个危险的边缘，但是应该也让在我们跳过壕沟到达另一边时实现软着陆。

我们已经在一条从格陵兰岛中部到我们未来遥远的路途中进入了一个休息站。我们知道人类已经建立了一种适应气候的文明。人类越来越多地利用这种气候可以提供给我们的一切。最近几千年"正常"气候的改变已经对人类造成了严重的影响。但格陵兰岛的冰芯和许多其他记录表明，最近几千年的气候是最好的——在过去11万年的大部分时间里，发生了更巨大、更快速和更广泛的气候变化。

通向理解气候变化的高速公路已经向远方延伸了。我们已经穿过了南极的冰川、喜马拉雅附近的高原冰川、安第斯山的湖泊、北极的树轮、探测地球系统的卫星、计算机模型和试图掌握大局的人脑。如果我们在变化的气候超车之前能穿过这条高速公路，我们的未来会更加光明，一路平安。

附　录

# 附录一
# 人物介绍

　　为GISP2的成功做出贡献的数百人，以及从事海洋冰芯、树木年轮、模型构建和这个故事的其他方面的数千人，不可能全部提及。然而，出于良心，如果不提及至少几个核心人物，并向许多被忽视的人致歉，完成这样一本书同样是不可能的。

　　美国方面推动收集GISP2冰芯的努力可以追溯到1985年格陵兰岛科学规划委员会（Committee for Science Planning in Greenland）的报告，该委员会由俄亥俄州立大学的艾伦·莫斯利-汤普森（Ellen Mosley-Thompson）担任主席，委员会委员包括托尼·高（Tony Gow）。瓦利·波洛克（Wally Broecker）和杰出的共识小组随后为推进我们的事业做了很多工作。

　　资金方面很容易被忽视，但绝对是核心，GISP2的资金主要来自美国纳税人通过美国国家科学基金会极地计划办公室提供的资金。那里的无名英雄一直以最少的费用提供管理。其中，赫尔曼·齐默尔曼(Herman Zimmerman)和朱莉·帕莱斯(Julie Palais)值得特别提及，他们建立了该项目并将其完成。我们中的一些人从其他来源获得了"额外"资金，包括我们的大学和其他政府机构，例如美国航空航天局（NASA）。大卫和露西尔·帕克德基金会（David and Lucile Packard

Foundation）的奖学金也有很大的助推。

在科学方面，GISP2试图涵盖主要的测量，并尽可能使用两个研究小组进行独立测量。新罕布什尔大学气候变化研究中心的保罗·梅耶夫斯基（Paul Mayewski）与萨利·维特罗（Sallie Whitlow）、戴夫·米克（Dave Meeker）等人一起处理主要离子化学。因为保罗兼任首席科学家，还要负责科学管理处，所以他确实很忙。正如我在第3章中指出的那样，保罗是生活和呼吸于GISP2中的"英雄"，经过了多年的试验和成功，也处理过伴随如此庞大的项目而来的，看似无穷的细枝末节。成功需要一位英雄，我们很幸运能拥有并跟随他的领导。我们也很幸运，保罗找到了一流人才来帮忙对付科学问题，包括马克·托克勒（Mark Twickler）、迈克·莫里森（Michael Morrison）和简·普斯克（Jen Putscher）。

冰的稳定同位素分离是由华盛顿大学的皮耶特·格鲁特斯（Pieter Grootes）、美因茨·斯图尔（Minze Stuiver）和特拉维斯·萨林（Travis Saling）以及科罗拉多大学的吉姆·怀特（Jim White）、布鲁斯·沃恩（Bruce Vaughn）和丽莎·巴罗（Lisa Barlow）完成的。新罕布什尔大学对扬尘浓度和火山灰的调查由朱莉·帕莱斯(Julie Palais)开始，她随后转到国家科学基金会，并将这项工作交给了能干的格里格·泽林斯基。拉蒙特–多赫提（Lamont–Doherty）地球观测站的皮埃尔·俾斯加叶（Pierre Biscaye）添加了尘埃的矿物学和同位素特征以了解尘埃的来源，布法罗大学的迈克·拉姆（Michael Ram）使用尘埃的激光散射来计算每年的层数。

为了支持化学以及其他研究，GISP2 与 GRIP 的合作者们率先开展了由新罕布什尔大学的杰克·迪柏（Jack Dibb）与卡内基梅隆大学的克里夫·戴维森（Cliff Davidson）协调的气-雪传输研究。新罕布什尔大学的布雅德·穆雪（Byard Mosher）、亚利桑那大学的罗杰·巴勒斯（Roger Bales）和沙漠研究所的兰迪·包耶斯（Randy Borys）从事气-雪传输相关领域的研究。如果你不知道天气如何，你就无法理解气-雪的转移，因此威斯康星大学的查克·斯特恩斯（Chuck Stearns）提供了自动气象站。

过去变化最有趣的指标之一是甲磺酸盐。它可以追溯到海洋中的一些藻类，从而记录那里的生成率，它在大气中可以使云滴变成凝结核，从而影响降水和地球对阳光的反射率。迈阿密大学的埃里克·萨尔兹曼(Eric Saltzman)和翁白艺（Pai-Yei Whung）研究了这种有趣化学物质的记录和气-雪传输，甚至与宾夕法尼亚州立大学的工作人员合作，把甲磺酸盐当成示踪剂追踪雪中可见图层的形成。

地球系统与空间的相互作用可以从宇宙射线形成的同位素中辨别出来。加利福尼亚大学伯克利分校的西泉邦彦（Kunihiko Nishiizumi）、罗伯特·芬克尔（Robert Finkel）和詹姆斯·阿诺尔德（James Arnold）以及劳伦斯·利弗莫尔实验室（Lawrence Livermore Laboratory）使用铍-10、铝-26和氯-36来追踪太阳活动变化、地球磁场和冰原的历史。麻省理工学院的艾德·博伊尔（Ed Boyle）和罗伯·希列尔（Rob Sherrell）（目前在罗格斯大学）追踪了冰芯中铅和其他微量金属的来源，研究了人为造成的污染、火山和陨石影响。宇宙射线形成的同位素碳-14可用于了解过去的积雪速率。撞击冰层的宇宙射线产生了大量的碳-14。当积雪迅速增长时，在形成大量碳-14之前，它会被埋到比宇宙射线能穿透到的地方还深的地方；当增长缓慢时，就会产生大量的碳-14。斯克里普斯海洋学研究所的德文达·拉尔（Devendra Lal）开创了这项技术，并证明与流量修正每年冰层厚度的传统技术非常吻合。

冰芯的特征化工作涉及电学属性，这由沙漠研究所的肯德里克·泰勒负责。其他物理特性由托尼·高和戴布·米斯以及美国陆军寒带研究和工程实验室（U.S. Army Cold Regions Research and Engineering Laboratory）的布鲁斯·艾尔德（Bruce Elder）处理，并得到了宾夕法尼亚州立大学的我的团队和美国地质调查局（United States Geological Survey）的简·菲茨帕特里克的帮助。戴布·米斯在第二年也加入了定年的工作，然后主持了该项目其余部分的定年，这是一项艰巨的工作，包括计算层数、比较不同研究者之间的计数，以及在一开始一些计数不如期望那样一致时来平缓怒气。

冰芯中捕获的气体通常比其他任何东西都更受关注，而且GISP2

也很好地提供给了分析人员。迈克·本德尔（Michael Bender）开创了多项的技术，首先是在罗德岛，现在是在普林斯顿。托德·索尔斯（Todd Sowers）（现就职于宾夕法尼亚州立大学）与迈克进行的引力分馏工作，随后是杰夫·塞弗林豪斯（Jeff Severinghaus）（现就职于斯科瑞普斯研究所）与迈克、托德和艾德·布洛克（Ed Brook）（华盛顿州立大学）进行的工作，提供了一些最令人吃惊的气候变化的速度和规模的结果。托德·索尔斯是一名研究生，他的任务是将巨大的液化气体杜瓦容器带到格陵兰岛用于样品提取，同时让飞行员乐意运输这种如果包装不当可能相当不安全的东西，托德做得确实很棒。斯科瑞普斯研究所的马丁·华伦（Martin Wahlen）和拉蒙特–多赫提地球观测站的瓦利·布洛克研究了二氧化碳，亚利桑那大学的阿历克斯·威尔森（Alex Wilson）和道格拉斯·唐纳修（Douglas Donahue）提供了他们对二氧化碳的独特视角。

格陵兰岛中部的冰芯研究的另一个开创性方面是冰流和冰芯记录研究的完整结合。幸运的是，我们得到了美国地质调查局的史蒂夫·霍奇（Steve Hodge）和俄亥俄州立大学的约翰·博尔扎（John Bolzan）早期工作的指导。华盛顿大学的艾德·华丁顿（Ed Waddington）进行了大量模型研究，并与美国地质调查局的加里·克劳（Gary Clow）一起从事钻孔测井和古温度测量。

为了能够真正有用，所有这些数据都必须提供给其他人。由罗杰·巴里（Roger Barry）和理查德·阿姆斯特朗（Richard Armstrong）领导的美国国家冰雪数据中心的众多工作人员在收集、存档和分发数据方面发挥了重要作用。其中一些数据可以进入美国国家地球物理数据中心和由新罕布什尔大学科学管理办公室维护的GISP2的主页查询。在技术总监简·菲茨帕特里克（Joan Fitzpatrick）和管理人杰夫·哈格里夫斯（Geoff Hargreaves）的密切监护下，美国国家冰芯实验室精心存档了供未来研究使用的大量冰。

在大西洋的另一边，同样多的出色调查工作者正在进行GRIP核心类似主题的研究。在不提供欧洲调查工作者完整情况的前提下，我将在这里简单地指出，我很荣幸与十几位GRIP同事一起发表论文。我必须特别提到冰芯物理特性的相互比较，其中包括托尼·高（Tony Gow）、戴布·米斯（Deb Meese）和我，我们与西格弗斯·约翰森（Sigfus Johnsen）（哥本哈根大学和冰岛大学）以及塞普·基普夫斯图尔（Sepp Kipfstuhl）和托尔斯·坦森（Thorsteinn Thorsteinsson）（德国阿尔弗雷德韦格纳研究所）一起检测两方面得来的冰芯。同样值得注意的是与达斯·达尔-詹森（Dorthe Dahl-Jensen）（哥本哈根大学）和正司仁（Hitoshi Shoji）（日本北见工业大学）在冰的形变方面的合作，以及与让·茹泽尔（Jean Jouzel）（法国气候与环境科学实验室）、大卫·皮（David Pee）（英国南极研究局）等人对冰的稳定同位素含义方面的工作。与来自欧洲和世界各地的这些和其他研究人员一起工作的机会特别宝贵和卓有成效。

　　教授的一大荣幸是可以助推学生和年轻同事，以至于他们可以驶入智识的超车道，驶向成功的地平线。教授的最大负担之一是看到这些新科学家在走向成功的路上超过他们的教授诸多不易。我当然与许多参与GISP2的宾夕法尼亚州人一起经历了这种荣幸和负担。

　　使用可见层次进行冰芯定年的基础是夏季阳光与产生白霜的雪结构变化之间的独特关系。克里斯托弗·舒曼（Christopher Shuman）是我的博士后研究员，他开发了一种非常聪明的方法，可以利用卫星遥感到被动微波的极化比来追踪白霜的形成。他记录了白霜形成的事件在夏季独一无二地发生并且涵盖了整个格陵兰岛中部，巩固了它们在定年中的实用性。

　　克里斯托弗还在冰芯上做了精彩的可见层次。1992年，在我花了六周时间计算层数之后，一场关于健康的紧急事件使计划安排的人无法完成接下来六周的工作。克里斯托弗欣然同意尝试这份工作，并在重型飞机返回纽约之前穿梭于海岸边桑德雷斯特罗姆和GISP2之间的短暂几天里尝试学习它。这使我能够回家看望我的家人。（截至GISP2结束时，我花了小女儿生命10%以上的时光在冰原上。）飞往GISP2包括从海平面上升到两英里高，几乎每个人都会有一点高原反应。克里斯托弗第一天尝试研究冰芯时，他真的更喜欢站起来而不是在那儿恶心。幸运的是，他从高原反应恢复得比我快，第二天他就参加了速成班，然后在本赛季余下的比赛中表现出色。后来我回去"检查"了他的一些作品，并确信他比我自己要好。

斯里达尔·阿南达克里希南（Sridhar Anandakrishnan）是最著名的南极地震学家，但他在宾夕法尼亚州立大学与我一起进行研究时，以多种方式推进了冰芯分析。他在该领域开发的声速波切边技术非常有用，是有史以来最伟大的发现之一。事实证明，他对反演和统计研究的见解在将钻孔温度转化为地表温度历史、梳理出积雪变化对冰中杂质载荷的影响以及从冰芯稀少的薄融化层了解夏季温度变化方面发挥了核心作用。

彼得·福塞特（Peter Fawcett）从未到过格陵兰岛，但作为博士后研究员，他和博士生安娜·玛丽亚·奥古斯特多蒂（Anna Maria Ágústsdótti）解释了冰-同位素与温度之间意想不到的关系，这是由于一年中大部分降雪的季节发生了变化。他们还为气候突变的空间模式和传播机制提供了关键理解。

库特·库菲（Kurt Cuffey）在宾夕法尼亚州立大学读本科时就开始为 GISP2 工作。他的早期工作包括揭示太阳如何导致深层白霜的温度测量，这是一项涉及全天候、每小时或对两次采样进行对比的艰巨任务。由于技术原因，这是无法自动化的。他还致力于用冰芯定年和其他物理研究的可见层次研究。后来，库特展示了结合钻孔温度和冰-同位素以了解过去地表温度的技术，使斯里达尔的计算方法适应格陵兰岛的独特情况。在他离开我们去华盛顿大学攻读研究生后，库特与埃德·沃丁顿和加里·克劳合作，证明冰河时代格陵兰岛的表面有时比今天冷 40 ℉。

马克·费舍尔（Mark Fischer）在他的博士学位论文中提供了对冰的物理特性的基础洞见。斯里达尔、彼得、库特和马克继续在其他大学任教，而克里斯在研究所任职，安娜·玛丽亚在政府部门任职。

宾夕法尼亚州立大学 GISP2 项目的其他"成功者"包括万达·卡普斯纳（Wanda Kapsner），为了获得硕士学位，她展示了在大气环流的重大重组期间，气候突变导致风暴路径发生变化。本科生格伦·斯皮内利（Glenn Spinelli）对可见冰层的统计数据进行了重要分析。格雷格·伍兹（Greg Woods）还是一名本科生时，经常被要求向博士生提供实用建议。科学家（包括我）不知道如何在冰上完成一些困难的任务。"伍兹"也做到了在处理冰芯时在冰沟里不戴手套，因为那里不冷，"只有"零下几摄氏度。吉姆·斯隆（Jim Sloan）和格雷格·雅布卢诺夫斯基进行了第一流现场工作。

而且，这份清单还远未完成。例如，它不包括德布·德特维勒（Deb Detwiler），他完成了不可能完成的办公室任务，让所有这些都井井有条。如果您认为 GISP2 的其他小组依赖于杰出人物，您应该开始意识到这确实是"大科学"。

您也可能会欣赏冰芯在教育中充当的角色。例如，格雷格·雅布卢诺夫斯基从测量冰芯中的声速直接转向使用声速寻找空军飞机机翼上的裂缝，以免这些裂缝导致坠机。我可以向其他学校的学生讲述数十个类似的故事。我们现在的许多同事——宾夕法尼亚大学的埃里

克·斯泰格（Eric Steig）、伍兹·霍尔海洋研究所的卡尔·克列乌兹
（Karl Kreutz）、沙漠研究所的乔·麦康奈尔（Joe McConnell）和格雷
格·拉莫雷（Greg Lamorey），以及许多其他人——至少在一定程度上
接受过GISP2方面的教育。GISP2或GRIP等项目或正在进行的冰芯研
究等项目以多种方式为未来的领导者提供培训场所。

# 附录二
# 单位的使用

1999 年，美国航空航天局（NASA）在火星上损失了一艘航天器和大量纳税人的钱，就是因为单位不统一。美国的科学家和其他技术人员生活在一个奇特的世界里，英里和米、磅和帕斯卡以一种令人困惑的方式混合在一起。如果美国与世界其他国家一起使用"国际单位制"（在法国是 S.I.，也称为公制），而不是我们使用的基于旧英语系统的"习惯系统"，我们会活得更轻松。

当我开始在宾夕法尼亚州立大学教大课时，我因一次可以接触数百名学生的机会而失去工作，而且我只用公制教学。但在与学生交谈和批改论文时，我开始意识到我的许多学生并不知道我在说什么。当然，学生们已经接触过公制系统，但对公制单位还不够熟悉，以至于其中一些学生无法进行转换并同时跟上谈话的内容。我还发现非美国学生通常可以很容易地进行转换——这些学生在学习英语时已经学会了这些单位。

所以我面临着选择更重要的问题——关于地下水污染和全球变化以及生物多样性和地质灾害的信息，或者关于将公里转换为英里的信息。我花了几年时间，但我认为全球变化和生物多样性更为重要，于是我改回使用习惯单位。我仍然试图偷偷加入一些转换因素，我在写的课文后面有一个转换练习，但我用学生可能知道的语言来教授。

我希望本书的许多读者具有技术素养或来自美国以外的国家，因此了解公制单位。但我也希望我班上的一些学生，以及美国各地类似班级的学生，能拿起这样一本书，所以我在书中使用了习惯单位。

换算一下，1英寸≈25毫米，1英里≈1.6公里，1英尺≈0.3米。在地球表面，1磅≈0.5千克，公吨（1 000千克）与惯用的吨差别不大。对于温度，摄氏度=（华氏度-32）÷1.8，如果您忘记戴手套，-40无论是华氏度还是摄氏度，都非常冷。

# 参考文献

/

本书中的信息是从数百个来源收集的，其中大部分来自科学文献。发表气候变化主题的主要期刊包括 *Nature, Science, Paleoceanography, Geophysical Research Letters, Journal of Geophysical Research, Geology, Quaternary Science Reviews, Tellus,* 及其他。

在本节中，我将按章节列出一些有用的补充信息来源。我将大量采用可能广泛存在的文章，包括参考科学文献以外的来源，如书籍、大众科学出版物上的文章。我希望能提供足够多的信息，让读者找到事物的来源，但我绝不是要提供科学文献中所期望的全部参考文献，因为这将使本书的篇幅加倍。

我已尽力使这些注释准确和最新，但我不能保证，尤其是地址和其他联系信息会随着时间的推移而改变。

# 第1章

主要过渡气候时期附近出现的气候多年跃变的描述来自K. C. Taylor, G. W. Lamorey, G. A. Doyle, R. B. Alley, P. M. Grootes, P. A. Mayewski, J. W. C. White, and L. K. Barlow, 1993, "The Flickering Switch of Late Pleistocene Climate change," *Nature*, v. 361, pp. 432-436。

北欧人在格陵兰岛定居的故事见于L. K Barlow, J. P. Sadler, A. E. J. Ogilvie, P. C. Buckland, T. Amorosi, J. H. Ingimundarson, P. Skidmore, A. J. Dugmore, and T. H. McGovem, 1997, "Interdisciplinary Investigations of the End of the Norse Western Settlement in Greenland," Holocene, v. 7, pp. 489-499. "Interdisciplinary Investigations of the End of the Norse Western Settlement in Greenland," *Holocene*, v. 7, pp. 489-499.

小冰河时期的变化详细介绍在J. M. Grove, 1988, *The Little Ice Age*; London, New York: Methuen, pp. 498 .

人类与气候相互作用的冰芯记录讨论于L. G. Thompson, M. E. Davis,

E. Mosley-Thompson and K-b. Liu, 1988, "Pre-Incan Agricultural Activity Recorded in Dust Layers in Two Tropical Ice Cores," *Nature*, v. 336, pp. 763-765.

对于人类-气候相互作用的讨论也见于D. A. Hodell, J. H. Curtis, and M. Brenner, 1995, "Possible Role of Climate in the Collapse of Classic Maya Civilization," *Nature*, v. 375, pp. 391-394.

图1. 1和图1. 2的数据来自K. M. Cuffey and G. D. Clow, 1997, "Temperature, Accumulation, and Ice Sheet Elevation in Central Greenland through the Last Deglacial Transition," *Journal of Geophysical Research*, v. 102(C12), pp. 26, 383-26, 396.

美国航空航天局（NASA）地球观测系统（EOS）及其后续科学计划的介绍性材料是对地球"操作手册"的最佳诠释之一，可在网站上获取。

国际地圈-生物圈计划的核心项目"过去的全球变化"（PAGES）汇总了有关气候变化的古气候记录的最新研究成果。国际地圈-生物圈计划的核心项目收录在*Quaternary Science Reviews*特刊中, 2000, v.

19, pp. 1-479.

# 第2章

如何"解读"沉积物以了解过去的气候，R. S. Bradley（1999）作了很好的教科书式的概述：*Paleoclimatology: reconstructing climates of the Quaternary, 2nd ed.*; San Diego, CA, London: Academic Press, pp.613 .

聚焦于冰芯记录的简短概述包含于 R. B Alley 和 M. L. Bender（1998）的论述，见 "Greenland Ice Cores: Frozen in Time"，*Scientific American*, v. 278, pp. 80-85; 和 K. Taylor, 1999, "Rapid Climate Change," *American Scientist*, v. 87, pp. 320-327.

本书中对许多材料出色而简便的概览是 W. S. Broecker（1995）提供的，见 *The Glacial World According to Wally, 2nd ed.*, Eldigio Press. 这基本是自己出版的，而且 W. S. Broecker 是如此著名和值得尊敬，以致成功地完成了。最近我为了获得这本书的最新联系信息是通过 Patty Catanzaro（Eldigio Press, Lamont-Doherty Earth Observatory of Columbia University, Palisades, NY 10964, USA; tel. 914-365-8515; fax 914-365-8155; e-mail *pcan@ldeo.columbia edu.*) 许

多材料的简短描述是来自 *The Glacial World According to Wally, The Two-Mile Time Machine*，许多材料是 W. S. Broecker（1995）提供的，见 "Chaotic Climate," *Scientific American*, v. 273, pp. 44-50; W. S. Broecker 和 G. H. Denton, 1990, "What Drives Glacial Cycles?", *Scientific American*, v. 262, pp. 49-56.

美国陆军寒区研究与工程实验室（The U. S. Army Cold Regions Research and Engineering Lab）的前身是冰雪和冻土研究机构（Snow, Ice and Permafrost Research Establishment）。这个实验室已经存在了几十年，地址是 72 Lyme Road, Hanover, NH 03755, USA, telephone 603-646-4100.

Henri Bader 的专业生涯及其在冰岩取芯方面发挥的关键作用的简要介绍来自 M. de Quervain and H. Rothlisberger（1999），见 "Henri Bader （1907-1998)," *Ice* (*News Bulletin of the International Glaciological Society*), No. 120, 2d issue, pp. 20-22.

关于格陵兰岛南部 "Dye 3" 冰芯的许多科学成果收集于 C. C. Langway Jr. , H. Oeschger 和 W. Dansgaard 编撰的 *Greenland Ice Core: Geophysics, Geochemistry; and the Environment*, Washington, DC:

American Geophysical Union, pp. 118.

GISP2 深冰取样项目由新罕布什尔大学气候变化研究中心科学管理办公室（SMO）负责，由首席科学家 Paul Mayewski 领导。GISP2 的历史、主要研究人员名单和其他信息可在 SMO 网页上查阅。

美国国家冰芯实验室（NICL）是美国国家科学基金会和美国地调查局的一个联合项目，新罕布什尔大学气候变化研究中心是其学术合作伙伴，并负责管理 NICL 科学管理办公室。实验室位于丹佛联邦中心。

极地冰层取样办公室（PICO）由美国国家科学基金会极地项目办公室资助；在我写这篇文章的时候，PICO 还在内布拉斯加-林肯大学，由卡尔·库维宁（Karl Kuivinen）领导，但合同正在招标，不清楚未来五年该办公室会在哪里。

# 第4章

海平面变化见 J. T. Houghton、L. G. Meira Filho、B. A. Callander、N. Harris、A. Kattenberg 和 K. Maskell 编著的 *Climate Change 1995: The Science of Climate Change*, Cambridge University Press, pp. 572.

（尽管标题如此，但实际上出版日期是 1996 年）。这是关于气候变化的摘要，与 *The Two-Mile Time Machine* 中的所有章节相关。

有关冰川和冰盖及其流动方式的教科书概述见 W. S. B. Paterson, 1994, *The Physics of Glaciers, 3ʳᵈ ed.* , Oxford, England and Tarrytown, NY: Pergamon, 480 pp. ; or R. LeB. Hooke, 1998, *Principles of Glacier Mechanics*, Upper Saddle River, N. J. : Prentice-Hall, pp. 248.

关于冰流如何影响格陵兰冰层厚度的早期科学论文包括 R. B. Alley, D. A. Meese, C. A. Shuman, A. J. Gow, K. C. Taylor, P. M. Grootes, J. W. C. White, M. Ram, E. D. Waddington, P. A. Mayewski, and G. A. Zielinski, 1993, "Abrupt Increase in Snow Accumulation at the End of the Younger Dryas Event," *Nature*, v. 362, pp. 527-529; and K. M. Cuffey and G. D. Clow, 1997, "Temperature, Accumulation, and Ice Sheet Elevation in Central Greenland through the Last Deglacial Transition, " *Journal of Geophysical Research*, v. 102(Cl2), pp. 26, 383-26, 396.

# 第5章

最长的树木年轮时序表记载于 B. Becker, B Kromer, and P. Trimborn,

1991, "A Stable-Isotope Tree-Ring Timescale of the Late Glacial/ Holocene Boundary," *Nature*, v. 353, pp. 647-649.

其他一些有趣的树木年轮的工作介绍于 G. C. Jacoby, R. D. D'Arrigo, and J. Glenn, 1999, "Tree-Ring Indicators of Climatic Change at Northern Latitudes," *World Resource Review*, w. 11, pp. 21-29; and G. C. Wiles, P. E. Calkin, and G. C Jacoby, 1996, "Tree-Ring Analysis and Quaternary Geology: Principles and Recent Applications," *Geomorphology*, v. 16, pp. 259-272.

长期年际分层的海洋沉积记录介绍于 K. A. Hughen, J. T. Overpeck, S. J. Lehman, M. Kashgarian, J. Southon, L. C. Peterson, R. Alley, and D. M. Sigman, 1998, "Deglacial Changes in Ocean Circulation from an Extended Radiocarbon Calibration," *Nature,* v. 391, pp. 65-68.

通过分层计数进行冰芯年代测定方法的描述来自 D. A. Meese, A. J. Gow, R. B. Alley, G. A. Zielinski, P. M. Grootes, M. Ram, K. C. Taylor, P. A. Mayewski, and J. F. Bolzan, 1997, "The Greenland Ice Sheet Project 2 Depth-Age Scale: Methods and Results," *Journal of Geophysical Research*, v. 102(C12), pp. 26, 411-26, 423; and R. B.

Alley, C. A. Shuman, D. A. Meese, A. J. Gow, K. C Taylor, K. M. Cuffey, J. J. Fitzpatrick, P. M. Grootes, G. A. Zielinski, M. Ram, G. Spinelli, and B. Elder, 1997, "Visual-Stratigraphic Dating of the GISP2 Ice Core: Basis, Reproducibility, and Application," *Journal of Geophysical Research*, v. 102(C12), pp. 26, 367-26, 381. 这些论文还评估了所涉及的误差，格陵兰岛的误差很小，但并不是零。

K. Taylor 1999年发表在*American Scientist*的论文上（第2章）中有一张雪坑的图片。

如何利用冰芯的电导率测量来研究气候变化的描述来自K. Taylor, R. Alley, J. Fiacco, P. Grootes, G. Lamorey, P. Mayewski, and M. J. Spencer, 1992, "Ice-Core Dating and Chemistry by Direct-Current Electrical Conductivity," *Journal of Glaciology*, v. 38, pp. 325-332.

识别火山灰以确定冰的年龄的描述来自G. A. Zielinski, P. A. Mayewski, L. D. Meeker, K. Gronvold, M. S. Germani, S. Whitlow, M. S. Twickler, and K. Taylor, 1997, "Volcanic Aerosol Records and Tephrochronology of the Summit, Greenland, Ice Cores," *Journal of Geophysical Research*, v. 102(C12), pp. 26, 625-26, 640.

冰岛的拉基（Laki）火山爆发讨论于 R. J. Fiacco Jr. , Th. Thordarson, M. S. Germani, S. Self, J. M. Palais, s. Whitlow, and P. M. Grootes, 1994, "Atmospheric Aerosol Loading and Transport Due to the 1783-84 Laki Eruption in Iceland, Interpreted from Ash Particles and Acidity in the GISP2 Ice Core," *Quaternary Research*, v. 42, pp. 231-240.

许多研究小组都提出了新仙女木冷事件结束的不同时间，许多总结来自 R. B. Alley, C. A. Shuman, D. A. Meese, A. J. Gow, K. C. Taylor, K. M. Cuffey, J. J. Fitzpatrick, P. M. Grootes, G. A. Zielinski, M. Ram, G. Spinelli and B. Elder, 1997, "Visual-Stratigraphic Dating of the GISP2 Ice Core: Basis, Reproducibility, and Application," *Journal of Geophysical Research*, v. 102(C12), pp. 26, 367-26, 381.

关于 GRIP 冰芯中的络合物，请参见 F. Pauer, S. Kipfstuhl, W. F. Kuhs and H. Shoji, 1999, Air clathrate crystals from the GRIP deep ice core, Greenland; a number-, size-and shape-distribution study, *Journal of Glaciology*, v. 45, p. 22-30.

# 第6章

W. S. B. Paterson（第4章）和R. S. Bradley（第2章）的书中重新介绍
　　了利用冰同位素比值了解过去气温的方法。

关于用于古温度测量的冰同位素比率的经典论文是 W. Dansgaard,
　　1964, Stable Isotopes in Precipitation," *Tellus*, v 16, pp. 436-468.

最近对冰同位素在古温度测定法中的应用的重要回顾来自 J. Jouzel, R.
　　B. Alley, K. M. Cuffey, W. Dansgaard, P Grootes, G. Hoffmann, S. J.
　　Johnsen, R. D. Koster, D. Peel, C. A. Shuman, M. Stievenard, M.
　　Stuiver, and J. White, 1997, "Validity of the Temperature
　　Reconstruction from Water Isotopes in Ice Cores," *Journal of
　　Geophysical Research*, v. 102(C12), pp. 26, 471-26, 487.

利用钻孔古温度测定法了解冰同位素的原理参考了 K. M. Cuffey, R. B.
　　Alley, P. M. Grootes, J. F. Bolzan, and S. Anandakrishnan, 1994,
　　"Calibration of the $8^{18}O$ Isotopic Paleothermometer for Central
　　Greenland, Using Borehole Temperatures," *Journal of Glaciology*, v.
　　40, pp. 341-349; by K. M. Cuffey, G. D. Clow, R. B. Alley, M.

Stuiver, E. D. Waddington, and R. W. Saltus, 1995, "Large Arctic Temperature Change at the Glacial-Holocene Transition," *Science*, v. 270, pp. 455-458;and by S. J. Johnsen, D. Dahl-Jensen, W. Dansgaard, and N. Gundestrup, 1995, "Greenland Paleotemperatures Derived from GRIP Bore Hole Temperature and Ice Core Isotope Profiles," *Tellus*, v. 47B, pp. 624-629. 冰同位素比值记录的是大气条件，主要是云层形成的高度，而钻孔温度记录的是近地表条件。虽然没有任何物理规律要求这些不同高度的温度必须同时变化，但 Cuffey 等人的这一方法的成功表明，地表温度和云层温度是同时变化的；如果不是这样，冰同位素比值就无法预测钻孔温度。正如 Cuffey 等人 1995 年在《科学》杂志上发表的论文所描述的那样，地表温度的变化可能比云层温度的变化更大，尽管方向相同。

根据钻孔温度而不使用冰同位素比值直接重建过去的地表温度也很有意义，这可参见 R. B. Alley and B. R. Koci, 1990, "Recent Warming in Central Greenland?", *Annals of Glaciology*, v. 14, pp. 6-8; and by D. Dahl-Jensen, K. Mosegaard, N. Gundestrup, G. D. Clow, S. J. Johnsen, A. W. Hansen, and N. Balling, 1998, "Past Temperatures Directly from the Greenland Ice Sheet," *Science*, v. 282, pp. 268-271, among many sources.

冰同位素与温度之间的意外关系是由于降雪最多的季节发生了变化，这种解释来自 P. J. Fawcett, A. M. Agústsdóttir, R. B. Alley, and C. A. Shuman, 1997, "The Younger Dryas Termination and North Atlantic Deepwater Formation: Insights from Climate Model Simulations and Greenland Ice Core Data," *Paleoceanography*, v. 12, pp. 23-38. 另一种解读来自 E. A. Boyle, 1997, "Cool Tropical Temperatures Shift the Global Delta $\delta^{18}O$ O-T Relationship: An Explanation for the Ice Core $\delta^{18}O$-Borehole Thermometry Conflict?," *Geophysical Research Letters*, v. 24, pp. 273-276. 这两种机制都极有可能对观测到的校准做出了贡献。

## 第7章

格陵兰岛冰芯中气候变化的化学记录包括 P. A. Mayewski, L. D. Meeker, S. Whitlow, M. S. Twickler, M. C. Morrison, P. Bloomfield, G. C. Bond, R. B. Alley, A. J. Gow, P. M. Grootes, D. A. Meese, M. Ram, K. C. Taylor, and M. Wumkes, 1994, "Changes in Atmospheric Circulation and Ocean Ice Cover over the North Atlantic during the Last 41, 000 Years," *Science*, v. 263, pp. 1747-1751; P. A. Mayewski, L. D. Meeker, M. S. Twickler, S. Whitlow, Q. Yang, W.

B. Lyons, and M. Prentice, 1997, "Major Features and Forcing of High-Latitude Northern Hemisphere Atmospheric Circulation Using a 110, 000-Year-Long Glaciochemical Series," *Journal of Geophysical Research*, v. 102(C12), pp. 26, 345-26, 366; and M. DeAngelis, J. P. Steffensen, M. Legrand, H. Clausen, and C. Hammer, 1997, "Primary Aerosol (Sea Salt and Soil Dust) Deposited in Greenland during the Last Climatic Cycle: Comparison with East Antarctic Records," *Journal of Geophysical Research*, v. 102(C12), pp. 26, 681-26, 698.

冰芯中的宇宙同位素叙述来自 S. Baum-gartner, J. Beer, M. Suter, B. Dittrich-Hannen, H-A. Synal, P. W. Kubik, C. Hammer, and S. Johnsen, 1997, "Chlorine 36 Fallout in the Summit Greenland Ice Core Project Ice Core," *Journal of Geophysical Research*, v. 102 (C12), pp. 26, 659-26, 662; R. C. Finkel, and K. Nishiizumi, 1997, "Beryllium-10 Concentrations in the Greenland Ice Sheet Project 2 Ice Core from 3-40 ka," *Journal of Geophysical Research*, v. 102(C12), pp. 26, 699-26, 706; D. Lal, A. J. T. Jull, G. S. Burr, and D. J. Donahue, "Measurements of In Situ[14]C Concentrations in Greenland Ice Sheet Project 2 Ice Covering a 17-kyr Time Span: Implications to Ice Flow Dynamics," *Journal of Geophysical Research*, v. 102(C12), pp. 26, 505-26, 510; and L. R. McHargue and P. E. Damon, 1991, "The Global Beryllium-10 Cycle," *Reviews of Geophysics*, v. 29, pp. 141-158.

陨石集中在南极洲特殊区域的机制的描述来自I. M. Whillans and W. A. Cassidy, 1983, "Catch a Falling Star: Meteorites and Old Ice," *Science*, v. 222, pp. 55-57.

在南极水井中收集微陨石的情况报告来自S. Taylor, J. H. Lever, and R. P. Harvey, 1998, "Accretion Rate of Cosmic Spherules Measured at the South Pole," *Nature*, v. 392, pp. 899-903.

上文列出的许多论文都阐述了化学物质和灰尘如何从空气中转移到雪中的复杂性，也见于研究书籍E. W. Wolff and R. C. Bales, 1996, *Chemical exchange between the atmosphere and polar snow*, NATO ASI Series, Series I, Global Environmental Change, v. 43, Berlin: Springer-Verlag, pp.675. One attempt at simplifying this is R. B. Alley, R. C. Finkel, K. Nishiizumi, S. Anandakrishnan, C. A. Shuman, G. R. Mershon, G. A. Zielinski, and P. A. Mayewski, 1995, "Changes in Continental and Sea-Salt Atmospheric Loadings in Central Greenland during the Most Recent Deglaciation," *Journal of Glaciology*, v. 41, pp. 503-514.

通过灰尘化学指纹识别来了解灰尘来源的方法的描述来自 P. E. Biscaye, F. E. Grousset, M. Revel, S. Van der Gaast, G. A. Zielinski, A. Vaars and G. Kukla, 1997, "Asian Provenance of Glacial Dust (Stage 2) in the Greenland Ice Sheet Project 2 Ice Core, Summit, Greenland," *Journal of Geophysical Research*, v. 102(C12), pp. 26, 765-26, 781.

对冰芯的许多方面进行的有益评论来自 R. J. Delmas, 1992, "Environmental Information from Ice Cores," *Reviews of Geophysics*, v. 30, pp. 1-22; and M. Legrand and P. Mayewski, 1997, "Glaciochemistry of Polar Ice Cores: A Review," *Reviews of Geophysics, v. 35, pp. 219-244.*

# 第8章

对大气成分的冰芯记录进行的很好的总结来自 D. Raynaud, J. Jouzel, J. M. Barnola, J. Chappellaz, R. J. Delmas, and C. Lorius, 1993, "The

Ice Record of Greenhouse Gases," *Science*, v. 259, pp. 926-933.

人类对大气层影响的历史叙述来自 M. Battle, M. Bender, T. Sowers, P. P. Tans, H. H. Butler, J. W. Elkins, J. T. Ellis, T. Conway, N. Zhang, P. Lang, and A. D. Clarke, 1996, "Atmospheric Gas Concentrations over the Past Century Measured in Air from Firm at the South Pole," *Nature*, v. 383, pp. 231-235.

关于南极洲的温度和温室气体浓度在将近 50 万年的时间里是如何变化的，这个戏剧性的故事来自 J. R. Petit, J. Jouzel, D. Raynaud, N. I. Barkov, J. M. Barnola, I. Basile, M. Bender, J. Chappellaz, M. Davis, G. Delaygue, M. Delmotte, V. M. Kotlyakov, M. Legrand, V. Y. Lipenkov, C. Lorius, L Pepin, C. Ritz, E. Saltzman, and M. Stievenard, 1999, "Climate and Atmospheric History of the Past 420. 000 Years from the Vostok Ice Core, Antarctica," *Nature*, v. 399, pp. 429-436.

冰芯相关性和基于冰芯气体的气候解释记载于 T. Sowers and M. Bender, 1995, "Climate Records Covering the Last Deglaciation," *Science*, v. 269, pp. 210-214; and L. G. Thompson, M. E. Davis, E.

Mosley-Thompson, T. A. Sowers, K. A. Henderson, V. S. Zagorodnov, P. N. Lin, V. N. Mikhalenko, R. K. Campen, J. F. Bolzan, J. Cole-Dai, and B. Francou, 1998, "A 25, 000-Year Tropical Climate History from Bolivian Ice Cores," *Science*, v. 282, pp. 1858–1864.

氟利昂对臭氧、全球变暖等的影响被论述于 D. J. Hofmann, S. J. Oltmans, J. M. Harris, S. Solomon, T. Deshler, and B. J. Johnson, 1992, "Observation and Possible Causes of New Ozone Depletion in Antarctica in 1991," *Nature*, v. 359, pp. 283-287; S. Solomon and J. S. Daniel, 1996, "Impact of the Montreal Protocol and Its Amendments on the Rate of Change of Global Radiative Forcing," *Climatic Change*, v. 32, pp 7-17; and S. Solomon, 1999, "Stratospheric Ozone Depletion: A Review of Concepts and History," *Reviews of Geophysics*, v. 37, pp. 275-316, among many good sources.

## 第9章

黯淡-幼年-太阳悖论和地球气候的长期稳定性被讨论于 J. C. G. Walker, P. B. Hays, and J. F. Kasting, 1981, "A Negative Feedback

Mechanism for the Long-Term Stabilization of Earth's Surface Temperature," *Journal of Geophysical Research*, v. 86(C10, pp. 9776-9782; J. F. Kasting, 1989, "Long-Term Stability of the Earth's Climate," *Palaeogeography, Palaeoclimatology, Paleoecology（Global & Planetary Change Section)*, v. 75, pp. 83-95; and J. F. Kasting and D. H. Grinspoon, 1991, "The Faint Young Sun Problem," in C. P Sonnett et al, eds, *The Sun in Time*, Tucson, AZ: University of Arizona Press, pp. 447-462.


对反馈以及各种反馈之间的相互作用如何巨量放大微小变化进行的精彩讨论可见于J. Hansen, A. Lacis, D. Rind, G. Russell, P. Stone, I. Fung, R. Ruedy, and J. Lerner, 1984, "Climate Sensitivity: Analysis of Feedback Mechanisms," in J. Hansen and T. Takahashi, eds, *Climate Processes and Climate Sensitivity*, Washington, DC: American Geophysical Union, pp. 130-163.


大陆漂移对气候的影响记载于 R. A. Berner, A. C Lasaga, and R. M. Garrels, 1983, "The Carbonate-Silicate Geochemical Cycle and Its Effect on Atmospheric Carbon Dioxide over the Past 100 Million Years," *American Journal of Science*, v. 283, pp. 641-683; and L. A.

Frakes, J. E. Fancis, and J. I. Syktus, 1992, *Climate Modes of the Phanerozoic: The History of the Earth's Climate over the Past 600 Million Years*, Cambridge University Press, pp.274.

关于陨石撞击的影响的讨论见 O. B. Toon, K Zahnle, D. Morrison, R. P. Turco, and C. Covey, 1997, "Environmental Perturbations Caused by the Impacts of Asteroids and Comets", *Reviews of Geophysics*, v. 35, pp. 41-78; with a popular account in W. Alvarez, 1997, T. *Rex and the Crater of Doom*, Princeton, NJ: Princeton University Press, pp.185.

## 第10章

关于米兰科维奇和轨道计算以及冰河时代的故事已经被讲述过很多次了。令人吃惊的是，很多专业人士都是从一本通俗读物中了解到这个故事的，这本书是 J. Imbrie and K. Palmer Imbrie, 1979, *Ice Ages Solving the Mystery*, Hillside, NJ: Enslow Publishers, pp.224. 这个故事也被写于 W. S. Broecker, *The Glacial World According to Wally*, described in these Sources for chapter 2.

冰河时期气温变化的大小以及二氧化碳在导致降温方面的作用被总结于 D. Pollard and S. L. Thompson, 1997, "Climate and Ice-Sheet

Mass Balance at the Last Glacial Maximum from the GENESIS Version 2 Global Climate Model," *Quaternary Science Reviews*, v. 16, pp. 841-864.

大约100万年前，冰期的10万年周期变得比更快的周期更占主要的地位，这也是冰雪量峰值变得更大的时候。对此，一种可能的解释与北美冰盖和大陆上的软沉积物的相互作用有关，被讨论于P. U. Clark and D. Pollard, 1998, "Origin of the Middle Pleistocene Transition by Ice Sheet Erosion of Regolith," *Paleoceanography*, v. 13, pp. 1-9.

地表类型和区域的变化被谈及于L. R. Kump and R. B. Alley, 1994, "Global Chemical Weathering on Glacial Timescales," In W. W. Hay, ed., *Material Fluxes on the Surface of the Earth*, New York: National Academy of Sciences, pp. 46-60.

图10.1表示了地球冰雪数量的变化历史，来自J. Imbrie et all, 1990, SPECMAP Archive #1, IGBP PAGES/World Data Center-A for Paleoclimatology Data Contribution Series #90-001, NOAA/NGDC Paleoclimatology Program, Boulder, CO. Original papers include J.

Imbrie, A. McIntyre and A. C. Mix, 1989, "Oceanic Response to Orbital Forcing in the Late Quaternary: Observational and Experimental Strategies," in A. Berger, S. H Schneider, and J. -C. Duplessy, eds, *Climate and Geo-Sciences A Challenge for Science and Society in the 21st Century*, Dordrecht, Boston, London: Kluwer Academic Publishers, pp. 121-164.

# 第11章

第10章的"参考文献"也涵盖了第11章中的大部分内容,这里只列出一些补充内容。

关于100 000年周期的详尽技术论述来自J. Imbrie, A. Berger, E. A. Boyle, S. C. Clemens, A. Duffy, W. R. Howard, G. Kukla, J. Kutzbach, D. G. Martinson, A. McIntyre, A. C. Mix, B. Molfino, J. J. Morley, L. C. Peterson, N. G. Pisias, W. L Prell, M. E. Raymo, N. J. Shackleton, and J. R. Toggweiler, 1993, "On the Structure and Origin of Major Glaciation Cycles: 2. The 100, 000-Year Cycle," *Paleoceanography*, v. 8, pp. 699-735.

关于这一周期的有趣视角见于P. U. Clark, R. B. Alley, and D. Pollard,

1999, "Northern Hemisphere Ice-Sheet Influences on Global Climate Change," *Science*, v. 286, pp. 1104-1111.

图11. 1和图11. 2中关于二氧化碳浓度和南极温度的数据来自J. R. Petit, J. Jouzel, D. Raynaud, N. I. Barkov, J. M. Barnola, I. Basile, M. Bender, J. Chappellaz, M. Davis, G. Delaygue, M. Delmotte, V. M. Kotlyakov, M. Legrand, V. Y. Lipenkov, C. Lorius, L. Pepin, C. Ritz, E. Saltzman, and M. Stievenard, 1999, "Climate and Atmospheric History of the Past 420, 000 Years from the Vostok Ice Core, Antarctica," *Nature*, v. 399, pp. 429-436.

地球的碳循环及其与人类的相互作用的解释来自W. S. Broecker and T-H. Peng, 1998, *Greenhouse Puzzles, Second Edition,* Eldigio Press, as described in these Sources for chapter 2 for *The Glacial World According to Wally.*

另一个极好的来源是J. T. Houghton, L G. Meira Filho, B. A. Callander, N. Harris, A. Kattenberg and K. Maskell, eds, *Climate Change 1995: The Science of Climate Change,* Cambridge University Press, pp. 572. (which actually has a 1996 publication date despite the title).

# 第12章

新仙女木事件末期的细节被发现于K. C. Taylor, P. A. Mayewski, R. B. Alley, E. J. Brook, A. J. Gow, P. M. Grootes, D. A. Meese, E. S. Saltzman, J. P. Severinghaus, M. S. Twickler, J. W. C. White, S. Whitlow, and G. A. Zielinski, 1997, "The Holocene/Younger Dryas Transition Recorded at Summit, Greenland," *Science*, v. 278, pp. 825-827.

气体同位素结果记录于J. P. Severinghaus, T. Sowers, E. J. Brook, R. B. Alley, and M. L. Bender, "Timing of Abrupt Climate Change at the End of the Younger Dryas Interval from Thermally Fractionated Gases in Polar Ice," *Nature*, v. 391, pp. 141-146.

从南北半球间甲烷浓度梯度得出的低纬度站点发挥作用的证据来自E. J. Brook, J. Severinghaus, S. Harder, and M. Bender, 1999, "Atmospheric Methane and Millennial Scale Climate Change," in P. U. Clark, R. S. Webb, and L. D. Keigwin, eds. , *Mechanisms of Global Climate Change at Millennial Time Scales*, Washington, DC: American Geophysical Union, pp. 165-175.

关于格陵兰岛上空风暴轨道在冷暖时期变化的证据见于 W. R. Kapsner, R. B. Alley, C. A. Shuman, S. Anandakrishnan, and P. M. Grootes, 1995, "Dominant Control of Atmospheric Circulation on Snow Accumulation in Central Greenland," *Nature*, v. 373, pp. 52-54.

关于新仙女木的编撰信息来自 D. M. Peteet, ed, 1993, "Global Younger Dryas," *Quaternary Science Reviews*, v. 12; also see R. B. Alley and P. U. Clark, 1999, "The Deglaciation of the Northern Hemisphere: A Global Perspective," *Annual Reviews of Earth and Planetary Sciences*, v. 27, pp. 149-182.

对于 Cariaco Basin 的变化，见 K. A. Hughen, J. T. Over-peck, L. C. Peterson, and S. Trumbore, 1996, "Rapid Climate Changes in the Tropical Atlantic Region during the Last Deglaciation," *Nature*, v. 380, pp. 51-54.

图 12.2 是格陵兰岛过去 10 万年的温度记录，来自 K. M. Cuffey and G. D. Clow, 1997, "Temperature, Accumulation, and Ice Sheet Elevation in Central Greenland through the Last Deglacial

Transition," *Journal of Geophysical Research*, v. 102(C12), pp. 26, 383-26, 396.

关于 Dansgaard-Oeschger 事件的原创论文有 W. Dansgaard, S. J. Johnsen, H. B. Clausen, D. Dahl-Jensen, N. Gundestrup, C. U. Hammer, and H. Oeschger, 1984, "North Atlantic Climatic Oscillations Revealed by Deep Greenland Ice Cores," in J. Hansen and T. Takahashi, eds, *Climate Processes and Climate Sensitivity*, Washington, DC: American Geophysical Union, pp. 288-298; and H. Oeschger, J. Beer, U. Siegenthaler, B. Stauffer, W. Dansgaard, and C. C. Langway, 1984, "Late Glacial Climate History from Ice Cores," pp. 299-306 in the same volume.

关于冰芯褶皱的少量信息记载于 R. B. Alley, A. J. Gow, S. J. Johnsen, J. Kipfstuhl, D. A. Meese and Th. Thorsteinsson, 1995, "Comparison of Deep Ice Cores," Nature, v. 373, pp. 393-394. Some pictures of folds are buried in the technical report of R. B. Alley, A. J. Gow, D. A. Meese, J. J. Fitzpatrick, E. D. Waddington, and J. F. Bolzan, 1997, "Grain-Scale Processes, Folding, and Stratigraphic Disturbance in the GISP2 Ice Core," *Journal of Geophysical Research*, v. 102(C12), pp.

26, 819-26, 830.

邦德周期最早见于 G. Bond, W. Broecker, S. Johnsen, J. McManus, L Labeyrie, J. Jouzel, and G. Bonani, 1993，"Correlations between Climate Records from North Atlantic Sediments and Greenland Ice," *Nature*, v. 365, pp. 143-147.

海因里希事件的命名来自 H. Heinrich, 1988, "Origin and Consequences of Cyclic Ice Rafting in the Northeast Atlantic Ocean during the Past 130, 000 Years," *Quaternary Research*, v. 29, pp. 143-152. Another good source on Heinrich events is G. C. Bond, H. Heinrich, W. S. Broecker, L. D. Labeyrie, J. McManus, J. Andrews, S. Huon, R. Jantschik, S. Clasen, C. Simet, K. Tedesco, M. Klas, G. Bonani, and S. Ivy, 1992, "Evidence for Massive Discharges of Icebergs into the North Atlantic Ocean during the Last Glacial Period," *Nature*, v. 360, pp. 245-249. 海因里希事件的重要性来自 W. S. Broecker, 1994, "Massive Iceberg Discharges as Triggers for Global Climate Change," *Nature*, v. 372, pp. 421-424.

海因里希事件的冰盖涌动模式见于 D. R. MacAyeal, 1993, "A

Low-Order Model of Growth/ Purge Oscillations of the Laurentide Ice Sheet, "*Paleoceanography*, v. 8, pp. 767-773; D. R. MacAyeal, 1993, "Binge/Purge Oscillations of the Laurentide Ice Sheet as a Cause of the North Atlantic's Heinrich Events," *Paleoceanography*, v. 8, pp. 775-784; and R. B. Alley and D. R. MacAyeal, 1994, "Ice-Rafted Debris As-sociated with Binge/Purge Oscillations of the Laurentide Ice Sheet," *Paleoceanography*, v. 9, pp. 503-511.

关于北大西洋以外但与北大西洋有关的气候变化的证据来源于 R. B. Alley and P. U. Clark, 1999, "The Deglaciation of the Northern Hemisphere: A Global Perspective," *Annual Reviews of Earth and Planetary Sciences*, v. 27, pp. 149-182.

格陵兰冰芯显示的气候变化模式持续时间更长的证据记录于 J. F. McManus, D. W. Oppo, and J. L Cullen, 1999, "A 0. 5-Million-Year Record of Millennial-Scale Climate Variability in the North Atlantic," *Science*, v. 283, pp. 971-975.

冰河时期的气候变化模式一直延续到现代暖期的证据包括 L D. Keigwin and G. A. Jones, 1989, "Glacial-Holocene Stratigraphy,

Chronology, and Palaeoceanographic Observations on Some North Atlantic Sediment Drifts," *Deep-Sea Research*, v. 36, pp. 845-867;and G. Bond, W. Showers, M. Cheseby, R. Lotty, P. Almasi, P. de-Menocal, P. Priore, H. Cullen, I. Hajdas, and G. Bonani, 1997, "A Pervasive Millennial-Scale Cycle in North Atlantic Holocene and Glacial Climates," *Science*, v. 278, pp. 1257-1266.

# 第13章

本章前半部分是教科书上的内容。我当然不是这方面的世界级专家；我是从阅读教科书中获得的。虽然是个小技术，但我知道的最好的是 J. P. Peixoto and A. H. Oort, 1992, *Physics of Climate*, New York: American Institute of Physics. pp.520。值得关注的还有 W. J. Schmitz Jr. and M. S. McCartney, 1993, "On the North Atlantic Circulation," *Reviews of Geophysics*, v. 31, pp. 29-50.

全球海洋环流传送带的介绍来自 W. S. Broecker, 1995, "Chaotic Climate", *Scientific American*, v. 273, pp. 44-50; and W. S. Broecker, 1997, "Thermohaline Circulation, the Achilles Heel of our Climate System: Will Man-Made $CO_2$ Upset the Current Balance?" *Science*, v. 278, pp. 1582-1588.

# 第14章

显示了北大西洋淡水输送不稳定的模式的文献包括 T. F. Stocker, D. G.
Wright, and W. S. Broecker, 1992, "The Influence of High-Latitude
Surface Forcing on the Global Thermohaline Circulation,"
*Paleoceanography*, v. 7, pp. 529-541; S. Manabe and R. J. Stouffer,
1997, "Coupled Ocean-Atmosphere Model Response to Freshwater
Input: Comparison to Younger Dryas Event," *Paleoceanography*, v.
12, pp. 321-336; and S. Rahmstorf, 1995, "Bifurcations of the Atlantic
Thermohaline Circulation in Response to Changes in the Hydrological
Cycle," *Nature*, v. 378, pp. 145-149.

利用海洋沉积物了解海洋环流的变化是这一领域的两位先驱来描述的,
记载于 E. A. Boyle, 1990, "Quaternary Deepwater Paleoceanography,"
*Science*, v. 249, pp. 863-870; and in *The Glacial World According to
Wally*（see Sources for chapter 2）.

许多论文都报道了基于这种示踪剂的海洋环流变化, 其中包括 L. D.
Keigwin and S. J.Lehman, 1994, "Deep Circulation Change Linked to
Heinrich Event 1 and Younger Dryas in a Middepth North Atlantic

Core," *Paleoceanography*, v. 9, pp. 185-194; and M. Sarnthein, K. Winn, S. J. A. Jung, J. C. Duplessy, L. Labeyrie, H. Erlenkeuser, and G. Ganssen, 1994, "Changes in East Atlantic Deepwater Circulation over the Last 30, 000 Years: Eight Time Slice Reconstructions," *Paleoceanography*, v. 9, pp. 209-267. 这篇论文也涉及 R. B. Alley and P. U. Clark, 1999, "The Deglaciation of the Northern Hemisphere: A Global Perspective," *Annual Reviews of Earth and Planetary Sciences*, v. 27, pp. 149-182, and Stocker, T. F, 2000, "Past and Future Reorganizations in the Climate System", *Quaternary Science Reviews*, v. 19, pp. 301-319, 它们都促进了三种海洋环流模式的应用。

模拟北大西洋环流关闭对南半球影响的模型描述是 T. F. Stocker, D. G. Wright, and W. S. Broecker, 1992, "The Influence of High-Latitude Surface Forcing on the Global Thermohaline Circulation," *Paleoceanography*, v. 7, pp. 529-541; T. J. Crowley, 1992, "North Atlantic Deep Water Cools the Southern Hemisphere, "*Paleoceanography*, v. 7, pp. 489-497; and W. S. Broecker, 1998, "Paleocean Circulation during the Last Deglaciation: A Bipolar Seesaw?", *Paleoceanography*, v. 13, pp. 119-121. 证明存在这种效应

的数据包括 T. Blunier, J. Chappellaz, J. Schwander, A. Dallenbach, B. Stauffer, T. F. Stocker, D. Raynaud, J. Jouzel, H. B. Clausen, C. U. Hammer, and S. J. Johnsen, 1998, "Asynchrony of Antarctic and Greenland Climate Change during the Last Glacial Period," *Nature*, v. 394, pp. 739-743; and other papers reviewed by R. B. Alley and P. U. Clark, 1999, "The Deglaciation of the Northern Hemisphere: A Global Perspective," *Annual Reviews of Earth and Planetary Sciences*, v. 27, pp. 149-182. 补充摘要见 R. B. Alley, P. U. Clark, R. S. Webb, and L. D. Keigwin, 1999, "Making Sense of Millennial-Scale Climate Change," in P. U. Clark, R. S. Webb, and L. D. Keigwin, eds., *Mechanisms of Global Climate Change at Millennial Time Scales*, Washington, DC: American Geophysical Union, pp. 385-394.

许多研究人员都对北大西洋环流关闭产生的信号在大气中的传播进行了模拟，包括 A. M. Ágústsdóttir, R. B. Alley, D. Pollard, and W. Peterson, 1999, "Ekman Transport and Upwelling from Wind Stress from GENESIS Climate Model Experiments with Variable North Atlantic Heat Convergence," *Geophysical Research Letters*, v. 26, pp. 1333-1336; and S. Hostetler, P. U. Clark, P. J. Bartlein, A. C. Mix, and N. G. Pisias, 1999, "Mechanisms for the Global Transmission and

Registration of North Atlantic Heinrich Events," *Journal of Geophysical Research*, v. 104, pp. 3947-3952.

## 第15章

火山对气候的影响的讨论来自 K. R. Briffa, P. D. Jones, F. H. Schweingruber, and T. J. Osborn, 1998, "Influence of Volcanic Eruptions on Northern Hemisphere Summer Temperature over the Past 600 Years," *Nature*, v. 393, pp. 450-455. 有关火山活动和气候的更长记录请参见 M. Stuiver, P. M. Grootes, and T. F. Braziunas, 1995, "The GISP2 8$^{18}$O-Climate Record of the Past 16,500 Years and the Role of the Sun, Ocean, and Volcanoes," *Quaternary Research*, v. 44, pp. 341-354; and G. A. Zielinski, P. A. Mayewski, L. D. Meeker, K. Gronvold, M. S. Germani, S. Whitlow, M. S. Twickler, and K. Taylor, 1997, "Volcanic Aerosol Records and Tephrochronology of the Summit, Greenland, Ice Cores," *Journal of Geophysical Research*, v.102(C12), pp. 26,625-26,640.

光照的影响的讨论来自 D. Rind, J. Lean, and R. Healy, 1999, "Simulated Time-Dependent Climate Response to Solar Radiative Forcing since 1600," *Journal of Geophysical Research*, v. 104(D2), pp. 1973-1990.

来自 GISP2 冰芯的铍-10 记录被讨论于 R. C. Finkel and K. Nishiizumi, 1997, "Beryllium-10 Concentrations in the Greenland Ice Sheet Project 2 Ice Core from 3-40ka," *Journal of Geophysical Research*, v. 102(C12), pp. 26,699-26,706. 关于约 4 万年前铍-10 的峰值及其与磁场强度的关系另见 F. Yiou, G. M. Raisbeck, S. Baumgartner, J. Beer, C. Hammer, S. Johnsen, J. Jouzel, P. W. Kubik, J. Lestringuez, M. Stievenard, M. Suter, and P. Yiou, 1997, "Beryllium-10 in the Greenland Ice Core Project Ice Core at Summit, Greenland," *Journal of Geophysical Research*, v. 102(C12), pp. 26, 783-26, 794; and A. Mazaud, C. Laj, and M. Bender, 1994, "A Geomagnetic Chronology for Antarctic Ice Accumulation," *Geophysical Research Letters*, v. 21, pp. 337-340.

洪水爆发对北大西洋产生的影响并导致新仙女木事件进行研究的有 W. S. Broecker, M. Andree, W. Wolfli, H. Oeschger, G. Bonani. G. J. Kennett, and D. Peteet, 1988, "The Chronology of the Last Deglaciation: Implications to the Cause of the Younger Dryas Event," *Paleoceanography*, v. 3, pp. 1-19; and W. S. Broecker, J. P. Kennett, B. P. Flower, J. T. Teller, S. Trumbore, G. Bonani, and W.

Woelfli, 1989, "Routing of Meltwater from the Laurentide Ice Sheet during the Younger Dryas Cold Episode," *Nature*, v. 341, pp. 318-321. 8 200年前寒冷事件引发洪水爆发原因的描述来自D. C. Barber, A. Dyke, C. Hillaire-Marcel, A. E. Jennings, J. T. Andrews, M. W. Kerwin, B. Bilodeau, R. McNeely, J. Southon, M. D. Morehead, and J. M. Gagnon, 1999, "Forcing of the Cold Event of 8, 200 Years Ago by Catastrophic Drainage of Laurentide Lakes," *Nature*, v. 400, pp. 344-348. 以下文章对其他气候变化的爆发性洪水成因提出了更多见解：J. M. Licciardi, J. T. Teller, and P. U. Clark, 1999, "Freshwater Routing by the Laurentide Ice Sheet during the Last Deglaciation," in P. U. Clark, R. S. Webb, and L. D. Keigwin, eds., *Mechanisms of Global Climate Change at Millennial Time Scales*, Washington, DC: American Geophysical Union, pp. 177-201.

溃决洪水向海洋供水的速度有点难以确定，但有些洪水可能在一段时间内相当于世界上最大的河流，有些可能相当于世界上所有河流的总和。释放的总水量往往与今天地球上的一个大湖相近，这在上文引用的一些论文中有详细说明。

北大西洋振荡模式发展于 W. S. Broecker, G. Bond, and M. Klas, 1990, "A Salt Oscillator in the Glacial Atlantic? 1. The Concept," *Paleoceanography*, v. 5, pp. 469-477.

有关厄尔尼诺现象及相关过程的信息请参见 M. A. Cane and S. E. Zebiak, 1989, "A Theory for El Niño and the Southern Oscillation," *Science*, v. 228, pp. 1085-1087; D. B. Enfield, 1989, "El Niño, Past and Present," *Reviews of Geophysics*, v. 27, pp. 159-187; S. G. Philander, 1990, *El Niño, La Niña, and the Southern Oscillation*, San Diego, California: Academic Press, pp. 293. ; and D. E. Harrison and N. K. Larkin, 1998, "El Niño-Southern Oscillation Sea Surface Temperature and Wind Anomalies, 1946-1993," *Reviews of Geophysics*, v. 36, pp. 353-399.

从热带冰芯中重建厄尔尼诺现象的历史请参见 L. G. Thompson, E. Mosley-Thompson, and P. A. Thompson, 1992, "Reconstructing Interannual Climate Variability from Tropical and Subtropical Ice-Core Records," in H. F. Diaz and V. Markgraf, eds., *El Niño: Historical and Paleoclimatic Aspects of the Southern Oscillation*, Cambridge University Press, pp. 295-322.

关于南半球大洋过程的一些信息见 A. L. Gordon, B. Barnier, K. Speer, and L. Stramma, 1999, "Introduction to Special Section: World Ocean Circulation Experiment: South Atlantic Results," *Journal of Geophysical Research*, v. 104(C9), pp. 20,859-20,861 及其他文章。

## 第16章

关于碳循环、人类影响及相关主题的概述，我最喜欢的是 J. F. Kasting, 1998, "The Carbon Cycle, Climate, and the Long-Term Effects of Fossil Fuel Burning," *Consequences: The Nature and Implications of Environmental Change*, v. 4, pp. 15-27. 许多有价值的信息包含于 W. S. Broecker and T.-H. Peng, 1998, *Greenhouse Puzzles, Second Edition*, published by Eldigio Press, as described in these Sources for chapter 2 for *The Glacial World According to Wally*. 这本书包含了许多关于海洋铁为肥料及其对二氧化碳缩减产生的影响；另见 W. S. Broecker, 1990, "Iron Deficiency Limits Phytoplankton Growth in Antarctic Waters; discussion," *Global Biogeochemical Cycles*, v. 4, pp. 3-4.

联合国认可的政府间气候变化专门委员会（IPCC）关于全球变化的"标准"资料来源是 J. T. Houghton, L. G. Meira Filho, B. A.

Callander, N. Harris, A. Kattenberg, and K. Maskell, eds., *Climate Change 1995: The Science of Climate Change*, Contribution of Working Group I to the Second Assessment Report of the Intergovernmental Panel on Climate Change, Cambridge University Press, pp.572.（which actually has a 1996 publication date despite the title). The science is followed by R. T. Watson, M. C. Zinyowera, and R. H. Moss, eds., 1996, *Impacts, Adaptations and Mitigation of Climate Change: Scientific-Technical Analyses*, Contribution of Working Group II to the Second Assessment of the Intergovernmental Panel on Climate Change, Cambridge University Press, pp.878; and J. P. Bruce, H. Lee, and E. F. Haites, eds., 1996, *Economic and Social Dimensions of Climate Change*, Contribution of Working Group III to the Second Assessment of the Intergovernmental Panel on Climate Change, Cambridge University Press, pp.448.

如果你在气候变化领域混得够久，你就会听到有人抱怨 IPCC，暗示它是某个世界政府的阴谋集团，企图以气候变化的名义颠覆国家主权，它对证据肆意践踏，不同的声音被压制。根据我的亲身经历，这些说法都是一派胡言。我曾受邀参加 IPCC 1995 年评估报告撰写研讨会。据我所知，之所以邀请我参加，是因为参与这项工作的一些重要人士认为在准备工作中缺少一个观点（关于冰盖引起的海平面变化），于是他们开始寻找可能对此有足够了解的人，最终他们找到了我，我接受了邀请。这一周的大部分时间都用来查阅从个人、行业、组织和政府收集到的成堆审查意见。编写小组必须认真对待每一条意见，而主要作者也确保我们能这样做。这项工作的目的是准确反映知识现状，而且它最终确实关注了那些在科学界广为流传的观点；这不是一个完美的过程，但其中的努力和开放性给我留下了深刻印象。我将在下一次评估中扮演一些次要角色（撰稿和审稿），而且我不是主要参与者，我只是相信参与评估的人员都在真诚地努力做到最好。我不相信 IPCC 报告中的所有内容——谁会对任何报告中的所有内容都满意呢？但我对 IPCC 的工作过程和成果印象深刻。

有关削弱和气候变化的讨论请参阅 W. D. Nordhaus, 1994, *Managing the Global Commons: The Economics of Climate Change*, Cambridge, Massachusetts: MIT Press; and P. A. Schultz and J. F. Kasting, 1997, "Optimal reductions in $CO_2$ emissions," *Energy Policy*, v. 25, pp. 491-500.

值得关注的还有 J. C. G. Walker and J. F. Kasting, 1992, "Effects of Fuel and Forest Conservation on Future Levels of Atmospheric Carbon

Dioxide," *Palaeogeography, Palaeoclimatology, Palaeoecology* (*Global & Planetary Change Section*), v. 97, pp. 151-189; and *Policy Implications of Greenhouse Warming: Mitigation, Adaptation, and the Science Base*, 1992, Panel on Policy Implications of Greenhouse Warming, National Academy of Sciences, National Academy of Engineering, Institute of Medicine, pp.944.

在 U.S. Global Change Research Program 的网站上可以找到大量有用的信息，以及隶属于联合国环境规划署（the United Nations Environment Programme）的 IPCC.

# 第 17 章

8 200 年前的变冷问题被讨论于 R. B. Alley, P. A. Mayewski, T. Sowers, M. Stuiver, K. C. Taylor, and P. U. Clark, 1997, "Holocene Climatic Instability: A Prominent, Widespread Event 8200 years ago," *Geology*, v. 25, pp. 483-486.

有证据表明，21 世纪气候异常变暖，我们很可能"推动这个醉汉"，这些证据包括 M. E. Mann, R. S. Bradley, and M. K. Hughes, 1998, "Global-Scale Temperature Patterns and Climate Forcing over the Past

Six Centuries," *Nature*, v. 392, pp. 779-787; P. D. Jones, K. R. Briffa, T. P. Barnett, and S. F. B. Tett, 1998, "High-Resolution Palaeoclimatic Records for the Last Millennium: Interpretation, Integration and Comparison with General Circulation Model Control-Run Temperatures," *Holocene*, v. 8, pp. 455-471; M. E. Mann, R. S. Bradley and M. K. Hughes. 1999, "Northern Hemisphere Temperatures during the Past Millennium: Inferences, Uncertainties and Limitations," *Geophysical Research Letters*, v. 26, pp. 759-762; J. T. Overpeck, K. Hughen, D. Hardy, R. Bradley, R. Case, M. Douglas, B. Finney, K. Gajewski, G. Jacoby, A. Jennings, S. Lamoureux, A. Lasca, G. MacDonald, J. Moore, M. Retelle, S. Smith, A. Wolfe, and G. Zielinski, 1997, "Arctic Environmental Change of the Last Four Centuries," *Science*, v. 278, pp. 1251-1256; H. N. Pollack, Shaopeng Huang and Po-Yu Shen, 1998, "Climate Change Record in Subsurface Temperatures: A Global Perspective," *Science*, v. 282, pp. 279-281; and J. Oerlemans, 1994, "Quantifying Global Warming from the Retreat of Glaciers," *Science*, v. 264, pp. 243-245.

第14章"资料来源"中引用的几篇论文都与传送带关闭有关。特别是 T. F. Stocker and A. Schmittner, "Influence of CO$_2$ Emission Rates on the Stability of the Thermohaline Circulation," *Nature*, v. 388, pp. 862-865, 这表明，对于现代海洋环流模式的稳定性而言，我们释放二氧化碳的速度与我们最终释放多少二氧化碳同样重要。

## 第18章

关于早期人类与生物多样性的互动请参阅 E. O. Wilson, 1992, *The Diversity of Life*, New York: W. W. Norton, pp. 424; D. Quammen, 1996, *The Song of the Dodo: Island Biogeography in an Age of Extinctions*, New York: Scribner, pp.702; and P. D. Ward, *The Call of Distant Mammoths: Why the Ice Age Mammals Disappeared*, New York: Copernicus, pp.241.

格陵兰岛冰雪中铅含量的历史记载于 C. C. Patterson, C. Boutron, and R. Flegal, 1985, "Present Status and Future of Lead Studies in Polar Snow," in C. C. Langway Jr., H. Oeschger, and W. Dansgaard, eds., *Greenland Ice Core: Geophysics, Geochemistry, and the Environment*, Washington, DC: American Geophysical Union, pp. 101-104; C. F. Boutron, U. Goerlach, J.-P. Candelone, M. A. Bolshov, and R. J. Delmas, 1991, "Decrease in Anthropogenic Lead, Cadmium and Zinc in Greenland Snows since the Late 1960s," *Nature*, v. 353, pp.

153-156; and S. Hong, J.-P. Candelone, C. C. Patterson, and C. F. Boutron, 1994, "Greenland Ice Evidence of Hemispheric Lead Pollution Two Millennia Ago by Greek and Roman Civilizations," *Science*, v. 265, pp. 1841-1843.

# 附录一

本附录引用了宾夕法尼亚州立大学的部分论文，其中包括Ágústsdóttir, Cuffey, Fawcett, and Kapsner. Selected others include: S. Anandakrishnan, R. B. Alley, and E. D. Waddington, 1993, "Sensitivity of Ice-Divide Position in Greenland to Climate Change," *Geophysical Research Letters*, v. 21, pp. 441-444; S. Anandakrishnan, J. J. Fitzpatrick, R. B. Alley, A. J. Gow, and D. A. Meese, 1994, "Shear-Wave Detection of Asymmetric c-Axis Fabrics in the GISP2 Ice Core," *Journal of Glaciology*, v. 40, pp. 491-496; M. P. Fischer, R. B. Alley, and T. Engelder, 1995, "Fracture Toughness of Ice and Firn Determined from the Modified Ring Test," *Journal of Glaciology*, v. 41, pp. 383-394; C. A. Shuman and R. B. Alley, 1993, "Spatial and Temporal Characterization of Hoar Formation in Central Greenland Using SSM/I Brightness Temperatures," *Geophysical Research Letters*, v. 20, pp. 2643-2646; C. A. Shuman, R. B. Alley, S.

Anandakrishnan, J. W. C. White, P. M. Grootes, and C. R. Stearns, 1995, "Temperature and Accumulation at the Greenland Summit: Comparison of High-Resolution Isotope Profiles and Satellite Passive Microwave Brightness Temperature Trends," *Journal of Geophysical Research*, v. 100(D5), pp. 9165-9177; G. Spinelli, 1996, "A Statistical Analysis of Ice-Accumulation Level and Variability in the GISP2 Ice Core and a Reexamination of the Age of the Termination of the Younger Dryas Cooling Episode," *Earth System Science Center Technical Report No. 96-001*, The Pennsylvania State University, University Park, PA; G. A. Woods, 1994, "Grain Growth Behavior of the GISP2 Ice Core from Central Greenland," *Earth System Science Center Technical Report No. 94-002*, The Pennsylvania State University, University Park, PA; and R. B. Alley and G. W. Woods, 1996, "Impurity Influence on Normal Grain Growth in the GISP2 Ice Core," *Journal of Glaciology*, v. 42, pp. 255-260.

欧洲/日本/美国的部分合作成果包括: R. B. Alley, A. J. Gow, S. J. Johnsen, J. Kipfstuhl, D. A. Meese, and Th. Thorsteinsson, 1995, "Comparison of Deep Ice Cores," *Nature*, v. 373, pp. 393-394; D. J. Dahl-Jensen, T. Thorsteinsson, R. Alley, and H. Shoji, 1997, "Flow

Properties of the Ice from the Greenland Ice Core Project Ice Core: The Reason for Folds?", *Journal of Geophysical Research*, v. 102 (C12), pp. 26831-26840; and J. Jouzel, R. B. Alley, K. M. Cuffey, W. Dansgaard, P. Grootes, G. Hoffmann, S. J. Johnsen, R. D. Koster, D. Peel, C. A. Shuman, M. Stievenard, M. Stuiver, and J. White, 1997, "Validity of the Temperature Reconstruction from Water Isotopes in Ice Cores," *Journal of Geophysical Research*, v. 102(C12), pp. 26471-26487.

## 致谢

▼
▼
▼

一个作家借用千人千言，只能希望对得起那些被借用文字的人。我有幸借鉴了一些最优秀的人的作品，我感谢他们。

我的家人自始至终都是我力量和灵感的源泉。俄亥俄州的沃辛顿克里斯丁学校的许多老师让我的学习步入正轨（尼克·海恩为我传授了化学知识和人生观，它们和1975年时一样历久弥新）。俄亥俄州立大学和威斯康星州立大学的地质学家、地球物理学家和极地研究人员为我打开了世界的大门（我现在仍在使用伊恩·威廉教授的工具研究问题，我现在仍在享受查理·贝特利教授课程带来的知识刺激）。宾夕法尼亚州立大学给了我一个家、优秀的同事和优秀的学生，如果没有他们，这本书就不可能问世（我仍然惊叹艾里克·巴伦敢于聘用我并给我这样的机会，而那里的地质科学家们也接纳我成为项目的一员）。

在 GISP2 和 WAISCORES 及其他项目中，我有幸与世界上最优秀的冰芯分析师合作；在 WAIS 项目中，我有幸与冰动力学家合作；在马塔努斯卡冰川及其他地方，我有幸与冰川地质学家合作。这是世界上最优秀的三个科学家团体，我向他们表示感谢。

Cindy Alley 起草了大部分数据，并在许多阶段提供了出色的反馈意见。编辑 Kristin Gager 和 Jack Repcheck、制作编辑 Ellen Foos 和 Jennifer Slater 以及文案编辑 Deborah Wenger 也提供了许多帮助。Lisa Barlow、Michael Bender、Gerard Bond、Wally Broecker、Peter Clark、Joan Fitzpatrick、Tony Gow、Jim Kasting、Paul Mayewski、Deb Meese、Peter Schultz、Todd Sowers、Kendrick Taylor、Lonnie Thompson 等人的宝贵讨论和评论在写作的许多阶段给了我很大帮助。

我将这本书献给我的父母John 和 Ruth、我的妻子Cindy、我们的女儿Janet 和 Karen，是他们给了我过去、现在和未来。

**图书在版编目（CIP）数据**

气候的年轮：冰芯中的地球气候史与人类未来 /
（美）理查德·B.艾利（Richard B. Alley）著；邬锐译.
重庆：重庆大学出版社，2025. 1. -- (懒蚂蚁).
ISBN 978-7-5689-5020-6

Ⅰ. P467-49

中国国家版本馆 CIP 数据核字第 20246J8Y88 号

## 气候的年轮：冰芯中的地球气候史与人类未来
QIHOU DE NIANLUN：BINGXIN ZHONG DE DIQIU QIHOUSHI YU RENLEI WEILAI

［美］理查德·B.艾利（Richard B. Alley） 著

邬 锐 译

微百科策划人：王 斌

责任编辑：赵艳君　　版式设计：赵艳君

责任校对：邬 忌　　责任印制：赵 晟

\*

重庆大学出版社出版发行

出版人：陈晓阳

社址：重庆市沙坪坝区大学城西路 21 号

邮编：401331

电话：(023)88617190　88617185(中小学)

传真：(023)88617186　88617166

网址：http://www.cqup.com.cn

邮箱：fxk@cqup.com.cn(营销中心)

全国新华书店经销

重庆市国丰印务有限责任公司印刷

\*

开本：890mm×1240mm　1/32　印张：9.625　字数：195 千

2025 年 1 月第 1 版　　2025 年 1 月第 1 次印刷

ISBN 978-7-5689-5020-6　定价：58.00 元

版贸核渝字(2022)第105号